U0169512

变了个当

经典便当 55 道

飘飘工作室　著绘

变了个当

中信出版集团 | 北京

图书在版编目（CIP）数据

变了个当 / 飘飘工作室著绘. -- 北京：中信出版社，2023.2

ISBN 978-7-5217-4996-0

I. ①变… II. ①飘… III. ①食谱－中国 IV. ①TS972.182

中国版本图书馆CIP数据核字（2022）第 222978 号

变了个当
著绘： 飘飘工作室
出版发行：中信出版集团股份有限公司
（北京市朝阳区东三环北路 27 号嘉铭中心 邮编 100020）
承印者：捷鹰印刷（天津）有限公司

开本：880mm×1230mm 1/32 印张：12.75 字数：250 千字
版次：2023 年 2 月第 1 版 印次：2023 年 2 月第 1 次印刷
书号： ISBN 978-7-5217-4996-0
定价：69.00 元

序言

Hi, 我是飘飘, VEpiaopiao的创始人。其实, "飘飘"是我的外号, 以前上班的时候, 我经常蹬着高跟鞋, 走得飞快, 同事们说我整天"飘来飘去"的, 于是给我取了这么一个外号。我很喜欢这个称呼, 用了多年, 创业取品牌名的时候也用了, 渐渐地, 很多人甚至忘了我原来的名字。连我们家的小宝, 有时候也会开玩笑地叫我"飘飘妈"。

VEpiaopiao从创立到现在, 马上10年了。这10年里, 我们除了坚持"好食材新鲜制作, 食物本味少添加"的理念, 推出、迭代了百来款调味产品, 还通过创作食谱与用户联结, 和用户一起共度活色生香的一串串"食光"。

我们致力于在"食材"和"美食"之间搭一座桥梁, 致力于让烹饪过程变得更加确定且美妙, 让美味变得更加触手可及。在食谱的创作过程中, 我们形成了《VEpiaopiao食谱创作基本法》, 用它来规范我们日常的食谱创作行为, 让食谱创作变得更完善、更严谨、更有参考价值。

细数一下, 这么多年来, 我们团队创作了1000多道食谱, 有为我们的产品服务的食谱, 也有在产品外的食谱, 就像这本书。

放心，《变了个当》绝不是一本VEpiaopiao产品的"推介大全"。事实上，在创作这本食谱的时候，我们一直在想办法降低自身产品对食谱的"干预"，希望读到这本书的读者，不管家里有没有我们品牌的调味产品，都能轻松地使用这本书。

书里为你提供了工作日元气便当、体重管理期便当、满足中国胃的中餐轻食便当、俏皮可爱的爱心便当，以及聚会焦点便当，共55道便当食谱，涵盖了工作日、休息日等多重场景需求。本书看着是55道便当，实际上，基于便当的属性，总的食谱数超过100道。在部分食谱里，我们附上了一些烹饪注意事项和营养小知识，放在了"飘飘建议"这个小版块里，希望大家在看食谱的时候，顺便掌握一些跟食物有关的小知识。书里还提供了食材灵感库、工具图谱、一周灵魂便当计划等，希望你在面临"明天中午吃什么"的

困扰时，可以从中捕捉到灵感和乐趣。

虽然我们的生活越来越便利，随时随地可以拿起手机点一份外卖填饱辘辘饥肠，但不妨试试让自己慢下来，沉浸在厨房那方小天地里，挥洒自己的创意，用健康的方式烹饪食物，用巧手把食物变得可口又营养，用心、用时间把食材转化为佳肴，滋养我们的身体和灵魂。

"变了个当"，期待"开火"，期待动手做饭时刻，期待工作日饭点的到来，期待"复得返自然"的周末野食时光……在打开、享用精心制作的便当时，由衷地感叹一句："哇，生活真美好。"是啊，只是一份小小的便当，却拥有让我们感受到幸福的能力。我们深信，和美食共处的这段时光是幸福的慢变量，值得我们用心创造。

写下这段文字的今天，早上打开微

信看到用户Vivian（薇薇安）发给我一段话："哈哈哈，谢谢你的分享，让小朋友也动手做蜗牛卷，孩子吃起来更香了。"还附上了一张照片，照片里小男孩在专心致志地抹面包做早餐。看到微信信息的当下，我的嘴角不自觉地上扬，快乐涌现。食谱分享者的高光时刻，不外乎如此。

希望这本《变了个当》，能带给你些许烹饪的灵感。不足之处也劳烦指正，感谢陪伴成长！

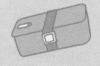

目

目录

第二章

"从55款灵魂便当中，
找到属于你的味儿"

第三章

"没那么难！
跟美食达人学做便当！"

第五章

"灵魂便当加分项"

第六章

"行动吧！
开始你的一周灵魂便当计划"

第一章

" 创作灵魂便当第一步，
认识食材和工具 **"**

食材灵感库

01 食材灵感库
INGREDIENTS

选择喜欢的食材，
制作丰盛营养的灵魂便当！

Granary

粮仓

大米	红米	黑米	糙米
小米	青稞	燕麦	大麦
藜麦	高粱米	糯米	黄米

薏仁米

杂粮米

杂豆

绿豆	红豆	红小豆	红芸豆

薯类

红薯

山药

紫薯

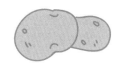

土豆

芋头

粗粮和细粮搭配能够提高主食营养价值，在搭配便当时可以多加入一些粗粮和薯类哦！飘飘建议每天吃50克以上粗粮、50克以上薯类。

主食制品

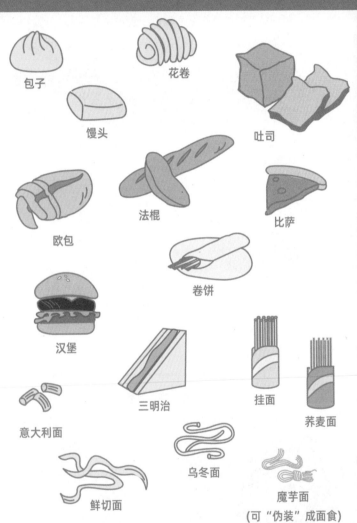

包子

花卷

馒头

吐司

欧包

法棍

比萨

卷饼

汉堡

三明治

挂面

荞麦面

意大利面

乌冬面

鲜切面

魔芋面
(可"伪装"成面食)

Ranch 畜禽牧场

猪

猪肉

猪排骨

猪脚

香肠

午餐肉

火腿片

猪肉丸

牛

牛柳

牛肋排

牛腩

牛排

牛肉片

牛肉丸

羊

羊肉片

羊排

羊肉串

鸡

鸡胸肉

鸡腿

鸡翅

鸡蛋

鸡块

鸭

鸭胸肉

鸭腿

鸭翅

鸭胗

鸭蛋

皮蛋

鹅肉

鹅翅

鹅

肉类因为种类、肥瘦程度以及部位不同，所以营养成分差别很大，建议选择较瘦的部位。

Aquarium 水族馆

鱼

黄翅鱼

鲳鱼

带鱼

鲈鱼

黄花鱼

秋刀鱼

巴沙鱼

三文鱼

鳕鱼

比目鱼

石斑鱼

金枪鱼

鱼丸

鱼滑

蚝鲍贝

蚝

鲍鱼

贻贝

带子

扇贝

文蛤

花蛤

干贝

竹蛏

虾 蟹

明虾

黑虎虾

罗氏虾

九节虾

北极甜虾

小青龙虾

虾仁

虾滑

虾丸

蟹肉棒

梭子蟹

肉蟹

三眼蟹

大闸蟹

其他软体类

墨鱼

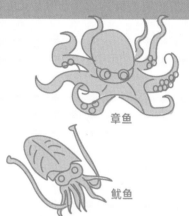
章鱼

鱿鱼

海藻

裙带菜

海带

海苔

无论是鱼类还是其他水产品，都能为我们提供丰富的蛋白质，而且脂肪含量较低，矿物质含量较高。鱼类还含有较多的多不饱和脂肪酸，可以作为日常便当搭配的荤菜首选食物。

Vegetables

茄果类

黄瓜

水果黄瓜

玉女黄瓜

丝瓜

茄子

番茄

冬瓜

菜瓜

瓠瓜

佛手瓜

云南小瓜

彩椒

苦瓜

秋葵

南瓜

花菜 / 结球生菜

卷心菜

紫甘蓝

西蓝花

西蓝苔

黄白菜

娃娃菜

孢子甘蓝

豆类 / 芽苗

四季豆

荷兰豆

甜豆

毛豆

刀豆

龙豆

毛豆仁

青豆仁

蚕豆仁

黄豆芽

绿豆芽

豆苗

根茎菜

部分可作为主食

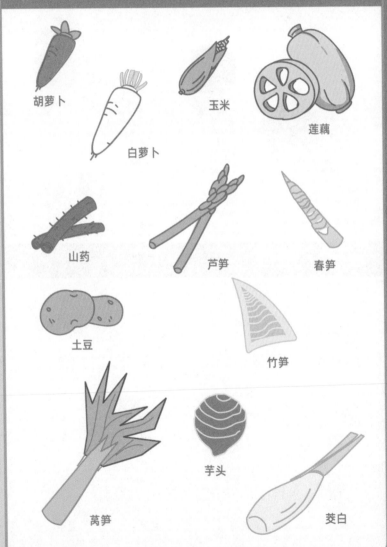

胡萝卜

白萝卜

玉米

莲藕

山药

芦笋

春笋

土豆

竹笋

莴笋

芋头

茭白

菌 菇

香菇　蘑菇　平菇　杏鲍菇　海鲜菇　白玉菇　鸡枞菇　草菇　姬松茸　猪肚菇　虫草花　茶树菇（新鲜）　木耳

- [ ] 蔬菜富含水分和膳食纤维，能增强饱腹感，同时含有多种植物化学物质，对健康大有裨益。
- [ ] 建议每天摄入多种蔬菜，300~500克为宜，优先选择新鲜和当季的蔬菜。
- [ ] 在搭配便当时，可以多增加深色（如深绿色、红色、橘红色、紫红色）蔬菜的占比哦！

017

叶菜

□ 叶菜的种类非常多，但是绿叶菜存放太久的话，会在细菌的作用下产生对身体健康不利的亚硝酸盐。想要在便当中加入绿叶菜，建议当天早晨制作，尽量不要隔夜。

□ 这里列举的叶菜为二次加热后对风味和品相影响较小的蔬菜品种。

小白菜

上海青

芥菜

芥蓝

菜心苗

鹤斗苗

羽衣甘蓝

适合做生食沙拉便当*的蔬菜

罗马生菜

罗莎绿生菜

结球生菜

奶油生菜

红叶生菜

苦菊

优雅生菜

冰草

芝麻菜（火箭菜）

红菊苣

白菊苣

* 生食沙拉便当建议食用当天制作。

调味菜

也适合放入生食沙拉便当哦

大蒜

老姜

嫩姜

芹菜

香菜

小葱

洋葱

红辣椒

罗勒

青辣椒

紫苏

百里香

欧芹

莳萝

迷迭香

比萨草

鼠尾草

Beans

豆制品

南豆腐

北豆腐

冻豆腐

日本豆腐

豆干

鸡蛋干

腐竹

油豆腐

炸腐皮

☐ 豆制品含有丰富的优质蛋白,是跟谷类蛋白质互补的天然理想食品。

☐ 非干制的豆制品,如豆腐等抗菌能力很弱,烹饪前一定要特别留意存储条件!一旦发酸或味道不对,就不要食用了。

☐ 便当里有豆制品的话,除了需要及时密封好放入冰箱冷藏,食用前也要彻底加热。

Orchard 果园

砂糖橘

金橘

柠檬

芦柑

橙子

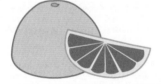

西柚

文旦柚

柚子

核果类

李子

杏

桃子

西梅

荔枝

脆枣

油桃

杨梅

杧果

龙眼

樱桃

牛油果

热带水果

凤梨

木瓜

莲雾

瓜果类

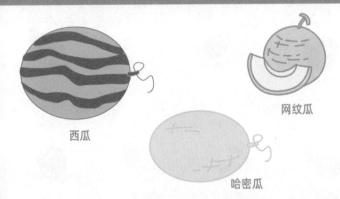

西瓜

网纹瓜

哈密瓜

浆果类

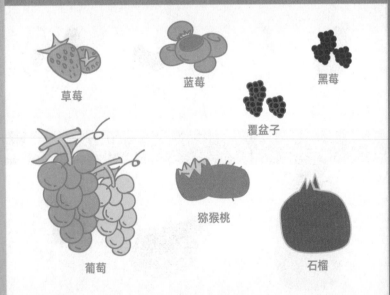

草莓

蓝莓

黑莓

覆盆子

猕猴桃

葡萄

石榴

仁果类

苹果

梨

啤梨

杨桃

山楂

火龙果

芭乐

圣女果

无花果

☐ 水果为我们带来丰富的维生素、矿物质和膳食纤维，既可以作为便当的一部分，也可以作为两餐之间的加餐。

☐ 将容易氧化变色的水果放入便当里时，可以考虑这么操作：

① 快速浸泡盐水
  （浸太久会造成水溶性维生素的流失）
② 挤上柠檬汁抗氧化

☐ 水果建议食用当天再切块放入便当盒，这样更安全。

Seasoning

灵魂调味

基础调味品

盐

酱油

生抽

老抽

鱼露

陈醋

米醋

料酒

蚝油

蒸鱼豉油

白砂糖

红糖

冰糖

蜂蜜

风干香料

花椒

孜然

八角

桂皮

香叶

大蒜粉

洋葱粉

肉桂粉

甜椒粉

姜黄粉

香菜籽

迷迭香(碎)

百里香(碎)

罗勒(碎)

比萨草(碎)

莳萝(碎)

鼠尾草(碎)

欧芹(碎)

复合调味品

咖喱酱

番茄酱

罗勒番茄意面酱

豆瓣酱

黑胡椒酱

辣椒酱

照烧汁

和风油醋汁

韩式辣酱

花生酱

芝麻酱

味噌酱

金汤酱

蜂蜜芥末酱

蒜蓉酱

黑胡椒海盐

普罗旺斯草本香料

蒜香胡椒海盐

Oil

食用油

植物油

大豆油

玉米油

葵花籽油

花生油

橄榄油

菜籽油

香油

动物油

猪油

黄油

■ 为便当增添多种风味。

■ 除了基础调味品，也可以尝试各种复合调味品，它们对烹饪新手很友好，还能节省烹饪时间，提高成功率。

02

工具图谱

想要做出可爱便当，
你只需要一些小诀窍、小道具
和一点点耐心。

便当盒

是最重要的"料理的衣服"。
常见的有塑料、玻璃和不锈钢等材质。
双层和带分隔的设计更受欢迎。

材质区分

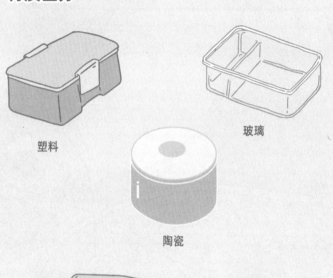

塑料

玻璃

陶瓷

木质

不锈钢

容量与造型区分

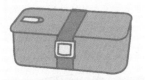

单层

双层

长方形

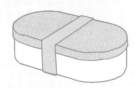

椭圆形

正方形

多格类型

容量建议

小龄儿童饭盒 ≈ 500毫升	小饭量 ≈ 800毫升
中等饭量 ≈ 1200毫升	大胃王 > 1500毫升

特别的便当盒

宝宝可爱便当盒

三明治/汉堡盒

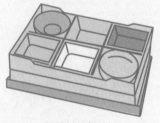

日式料理饭盒

野餐大容量便当盒

保温便当盒

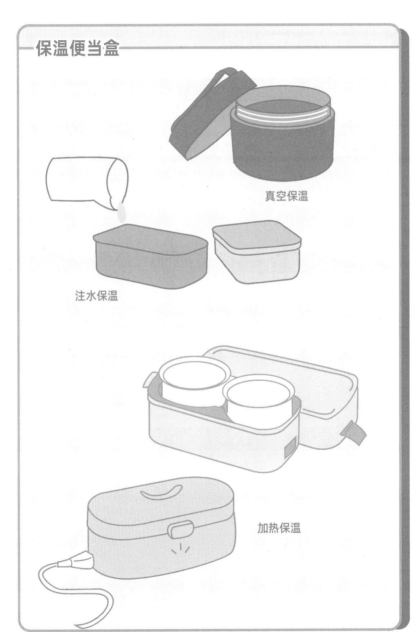

真空保温

注水保温

加热保温

便当盒好伴侣

— □ ✕

分隔工具
便当不串味的秘密

分隔片

托盘纸

分隔小盒子

酱汁盒 /迷你酱汁瓶
为好吃加分

酱汁盒

迷你酱汁瓶

可爱动物造型

便当包
选择喜欢的款式

固定叉

既可以固定食物，也可以当装饰

可爱造型

独立汤盒

满足喝汤习惯

保温汤盒

便携餐具

轻巧易携带

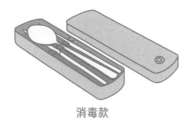 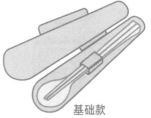

消毒款　　　　　　　　　　基础款

03 便当小史

现在，我们可以轻松地去便利店买到一份便当，或打开手机叫一份外卖。便当化身各种形式，在忙碌的生活节奏中，仍能在被打开那一刻治愈饥肠辘辘的人们。几千年前它被发明时，就承担着这样的小小使命。

便当的本质

"便利的东西"

"便当"一词，最早源于南宋时期的俗语——便当，本意指便利的东西。几经流转，再从日本传入国内时，专指盒装餐食。最初日本的便当只有"干饭"，就是干粮或行军粮。随着生活水平的提高，配菜越来越丰盛，便当不仅可以填饱肚子，还成了人们出游在外的闲时乐趣。

这段"旅途"很美味

铁路便当

顾名思义，这是一种在车站售卖、在火车上食用的便当。日本铁路便当之所以如此有名，原因之一就是它由公司经营，历经长时间的竞争和改良。不同的车站都努力在一个小小的便当盒内，装下一地独有的风土人情。

台铁便当

相比于日本铁路便当的精美多样，中国台铁便当更多被形容为"妈妈的味道"。家常的食材，节约的包装，完全平民的价格，味道"从来没变过"，这种朴素的传承，让台铁便当这么多年始终被人喜爱。

幕见便当

日本江户时期，出门看戏是重要的娱乐活动。这一看就是一整天，解决餐食的便当就被称作幕见便当，在中场休息时享用。这种便当把食材切成适宜一口吃下的大小，方便在较短的时间内食用完毕。

花见便当

在日本，无论男女老少，都不会轻易错过在樱花季到公园走走，在树下小歇。"花见"就是赏花，许多家庭会自制便当带出门，在赏樱时品尝美食、美酒，这跟现在的野餐便当有异曲同工之妙。

今天中午吃什么？

速食便当

24小时便利店的普及，让速食便当成为上班族解决一餐的好选择。它价格实惠，选择众多，顾客买完后用店里的微波炉加热，方便又热乎，即使在饥肠辘辘的深夜里，也能使人很快得到满足。

自制便当

新冠肺炎疫情后的复工季，外出觅食的诸多不便，引发了前所未有的全民便当风潮。"明天吃什么"，是今天晚上工作的延续。这也让很多没有尝试过制作便当的人，开始各显神通，在办公室看看同事们带了什么，也成了一件小小的乐事。

第二章

02

"从55款灵魂便当中，
找到属于你的味儿"

工作日便当搭配指南

工作日经常一忙起来就点的外卖，具有普遍性的重油重盐问题不说，食材新鲜度、营养搭配是否均衡，也十分令人头疼。

如果有时间与精力（忙碌时如何见缝插针地准备便当，请见第318页），不妨为在工作日打怪兽、冲刺绩效的自己准备一份"营养力"满满的便当吧。

在本小节，我为你整理了工作日便当设计和制作的要点。

051

● ● 先对号入座：

你是哪种上班族？ 🔍

星期三
11:59 2022

忙得脚不着地派

望穿屏幕族

千年久坐党

脑袋转不停星人

办公室"人累"

=

屁股累，眼睛累，颈椎累，脑袋累

=

身心疲累

忙得脚不着地派 ⬇

增加优质能量供应

望穿屏幕族 ⬇

维生素摄入要充足

千年久坐党 ⬇

尤其要注意摄入膳食纤维

脑袋转不停星人 ⬇

优质碳水不能少

● 把平衡膳食餐盘应用到工作日的便当设计中

△中国居民平衡膳食餐盘

中国居民平衡膳食餐盘按照平衡膳食原则，
在不考虑油盐的前提下，
描述了一个人一餐中的食物组成和大致比例。

不考虑午餐时的奶类摄入，
我们可以在设计便当时沿用这个方法。

△平衡膳食便当比例

结合Z世代年轻人的饮食特点以及工作日的营养需求，在搭配便当时，**谷薯类和肉蛋豆类**的比例也可以酌情调整，适当减少一点谷薯类（记得增加一些全谷物和薯类），多增加一点蛋白质，能够提升膳食满足感，也能帮我们控制餐后血糖水平，避免餐后昏昏欲睡。

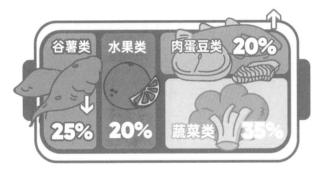

谷薯类 水果类 肉蛋豆类 **20%**
25% **20%** 蔬菜类 **35%**

△ 微调比例

以上比例数据仅供参考，相比于刻意追求实现"完美一餐"，更重要的是 **整体饮食搭配趋于平衡合理，保证优质能量供应。**

上班族还需要注意以下3点

A 摄入充足的膳食纤维

千年久坐党 尤其注意啦~

多摄入膳食纤维可以促进肠道蠕动，维持健康的肠道功能，避免久坐带来的腹部脂肪堆积问题，也能降低患肠道疾病的风险。

这些食物富含膳食纤维

全谷物

燕麦、糙米、荞麦、小麦、大麦、黑米、藜麦……

蔬菜

莲藕、西芹、四季豆、山药、芋头、空心菜、西蓝花、羽衣甘蓝、茄子、韭菜、冬瓜……

豆类

蚕豆、鹰嘴豆、绿豆、赤小豆……

水果

金橘、梨、杨桃、香蕉、蓝莓……

坚果

核桃仁、葵花籽……

> 坚果建议每天食用10克以内

在搭配便当时，我们可以用杂豆替代精制米面，同时保证蔬菜、水果的摄入量。

B 注重各类维生素的补给，让营养更均衡

通常来说，天然食物是最好的营养来源，我们的身体最容易吸收分散在各种食物中的天然营养素。在日常饮食中通过摄入多样化的食物来获取营养，要比单独补充某些营养素来得更健康。

各位上班族，欢迎"对表入座"！

维生素	对上班族的贡献	这些食物中含量丰富
维生素A β胡萝卜素	**望穿屏幕族** 注意啦! 保护视力 抗氧化,增强免疫力	动物肝脏、鱼肝油、 全脂牛奶、蛋黄、有色蔬菜 (菠菜、胡萝卜等)、 水果(杏、香蕉、梅子、苹果)等
维生素D	**千年久坐党** 注意啦! 促进钙的吸收,保持血液正常 保持骨骼健康	脂肪含量高的海鱼 (三文鱼、金枪鱼、鲭鱼等)、 鱼肝油、动物肝脏、蛋黄、 奶油、干酪等
维生素E	抗氧化,改善贫血	植物油、绿叶蔬菜、蛋类、 鸡胗鸭胗、坚果等
维生素K	**千年久坐党** 注意啦! 保持骨骼健康、血液健康	卷心菜、花菜和其他绿叶蔬菜、 植物油(菜籽油、大豆油)、 动物肝脏、鱼类等
维生素C	抗氧化,促进胶原合成 增强免疫力 促进对铁元素的吸收	柑橘类水果、 卷心菜类蔬菜、 绿叶蔬菜、甜瓜、草莓、辣椒、 番茄、土豆、杞果等

维生素	对上班族的贡献	这些食物中含量丰富

B族维生素

上班族全员注意啦！

所有B族维生素
促进身体正常代谢，
维持健康体重

上班族全员注意啦！

维生素 B1/B3/B6/B9/B12
保护心血管和血液健康

维生素 B2/B3/B6/B12
保持皮肤健康

千年久坐党 注意啦！

维生素 B1/B3/B9
促进肠胃蠕动
维护正常食欲

脑袋转不停星人 注意啦！

维生素 B1/B3/B6/B9/B12
保持正常神经系统功能
（抵抗抑郁、抗疲劳等）

望穿屏幕族 注意啦！

维生素 B2
保护视力

维生素B1：
广泛存在于天然食物中。最丰富的来源首先是葵花籽仁、花生、大豆粉、瘦猪肉，其次是小麦、小米、玉米等非精制的谷类食物

维生素B2：
动物性食物如动物内脏、蛋类、奶类，植物性食物如大豆、绿叶蔬菜

维生素B3：
动物内脏、瘦畜肉、鱼、坚果、蛋类、奶类、全谷物以及所有含蛋白质的食物

维生素B6：
畜肉、鱼、禽肉、动物肝脏、豆类及豆制品、水果、土豆、全谷物食品

维生素B9：
芦笋、牛油果、绿叶蔬菜、甜菜、豆类、种子、动物肝脏、鸡蛋及坚果

维生素B12：
动物性食物如畜肉、动物肝脏、鱼、禽肉，还有贝壳类及蛋类

C 优质碳水不能少

脑袋转不停星人 看过来！

我们大脑和神经系统的细胞几乎完全依赖葡萄糖（碳水化合物的一种）供给能量，这让我们得以进行脑力活动。碳水化合物也是我们肌肉活动的主要燃料，对维持神经系统和心脏的正常功能、增强耐力、提高工作效率都有重要意义。**对上班族来说，碳水化合物一定不能少！**

碳水化合物也有优劣之分。建议大家多吃全谷物、水果、蔬菜等高质量碳水（吃淀粉类蔬菜时减少其他碳水摄入量），少吃一些低质量碳水，如白米饭、挂面、含糖饮料、甜品等。

不管要完成OKR（目标和关键成果）

还是KPI（关键绩效指标）

先把自己照顾好

才有攻城略地、突破自我的可能

加油吧，为事业打拼的我们^_^

*关于工作日便当携带、便当存储与复热请跳转至第四章。

无油大脆鸡排便当

准备时间： 15分钟
烹饪时间： 40分钟
（不含圣女果浸渍时间）

参考热量	A盒	B盒	611 kcal
	337kcal①	274kcal	

✗ 食材·A盒

A1	**空气炸锅炸鸡排**	鸡胸肉 80克 鸡蛋 1颗 生粉 15克 面包糠 20克 黑胡椒海盐 少许
A2	**卷心菜沙拉**	卷心菜 40克 紫甘蓝 30克 日式和风油醋汁 15克
A3	**梅渍圣女果**	圣女果 100克 话梅 2颗 冰糖 15克 柠檬 2片

✗ 食材·B盒

B1	**米饭**	大米 100克 熟黑芝麻 少许
B2	**荷兰豆炒山药**	荷兰豆 50克 山药 50克 胡萝卜 15克 橄榄油 3克 盐 少许
B3	**嫩炒蛋**	鸡蛋 1颗 橄榄油 1克 混合研磨调料 少许

图 步骤

A盒

A1 空气炸锅炸鸡排

❶ 鸡胸肉片的双面用刀背轻轻横竖各剁几刀，撒上黑胡椒海盐，腌制15分钟。

❷ 均匀裹上一层生粉，再裹上一层蛋液，最后裹上一层面包糠。

❸ 放入200℃预热好的空气炸锅中，设定20分钟，10分钟后翻面再烤10分钟，取出静置片刻，切块即可。

A1

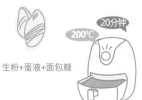

生粉+蛋液+面包糠

A2 卷心菜沙拉

❶ 卷心菜、紫甘蓝分别切细丝，混合即可。

A3 梅渍圣女果

❶ 锅里放入500毫升水，放入冰糖和话梅，开水煮至冰糖融化，关火晾凉。

❷ 圣女果顶部划十字刀，放入沸水中烫20秒，捞出放入冰水中，去皮。

❸ 将去皮的圣女果放入干净无水的瓶子中，倒入冷却好的冰糖话梅水，顶部放上2片柠檬，放入冰箱冷藏2~3小时。

A3

冰糖 + 话梅

500毫升水 煮至融化

冷藏

可以提前一个晚上做好，一次性多做一些放冰箱冷藏存储，2~3天内食用完。

B1 米饭

❶ 白米蒸熟，加少许熟黑芝麻粒点缀。

B2 荷兰豆炒山药

❶ 荷兰豆去丝，山药切薄片，胡萝卜切薄片，锅里放橄榄油，烧热后放入3款蔬菜，炒熟即可，加少许盐调味。

B3 嫩炒蛋

❶ 鸡蛋打入碗里，加入15毫升冷水，用筷子搅打均匀。

❷ 平底锅倒入橄榄油，开小火，倒入鸡蛋液，待底部凝固后用锅铲推动打散，蛋液全部凝固即可装盒，研磨少许混合调料调味。

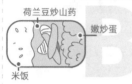

装盒示意图

梅渍圣女果
沙拉铺底
炸鸡排
日式和风油醋汁
荷兰豆炒山药
嫩炒蛋
米饭

飘飘建议

❶ 一块鸡胸肉可以切成两个薄片，做两份如图便当，一人食的话可以将另一半鸡胸肉裹好面包糠后放冰箱冷冻存储，下次可以取出直接用空气炸锅制作。

❷ 如果不喜欢生吃卷心菜的生涩感，可以将卷心菜丝放微波炉中火加热15秒。

❸ 山药想切成波浪状，可以购买"波纹土豆刀"。

❹ 面包糠可以选用黄色面包糠。如果买的是白色面包糠，可以放平底锅中用小火烘一下，将颜色烘为金黄色。

午餐肉饭团便当

准备时间： 15分钟
烹饪时间： 30分钟
（不含煮饭时间）

参考热量	A盒	B盒	664 kcal
	558kcal	106kcal	

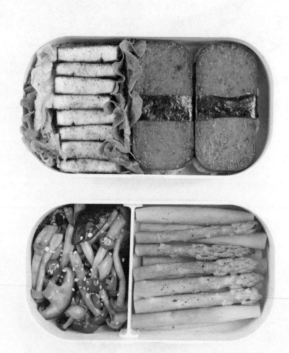

A1 **午餐肉饭团（2个量）** 午餐肉 90克 米饭 130克 熟黑芝麻 少许 寿司海苔 5克

A2 **照烧烤豆腐** 老豆腐 140克 照烧汁 10克 生菜 20克（分隔用）

✗ **食材·B盒**

B1 **蚝油炒杂菇** 香菇 20克 白玉菇 30克 海鲜菇 30克 小米辣 1根 蚝油 15克
植物油 3克 玉米淀粉 2克 熟白芝麻 少许

B2 **白灼芦笋** 芦笋 130克 植物油 3克 盐 2克 黑胡椒海盐 适量

国 步骤

A盒

A1 午餐肉饭团

❶ 午餐肉切块，锅中不放油，放入午餐肉，两
面煎香。

❷ 在装午餐肉的罐子里垫一层保鲜膜，加入混
合了熟黑芝麻的米饭压实，再放入午餐肉，
提起保鲜膜将饭团包紧。

❸ 寿司海苔剪成长条，沿饭团中间围一圈，用
凉开水沾湿接口处固定。

A2 照烧烤豆腐

❶ 老豆腐切块，两面刷照烧汁，放在铺了锡纸
的烤盘上，放入预热好190℃的烤箱中烤15
分钟，中途翻面一次。

A1

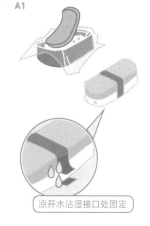

凉开水沾湿接口处固定

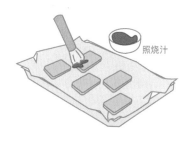

照烧汁

190℃

15分钟

放入烤箱中层

B盒

B1 蚝油炒杂菇

① 蚝油和20毫升水、玉米淀粉预先混合均匀，热锅倒油，放入香菇、白玉菇和海鲜菇翻炒，食材变软后倒入蚝油、淀粉水和小米椒圈，翻炒至汁水收干即可关火，撒上少许熟白芝麻粒。

B2 白灼芦笋

① 芦笋洗净，用刨皮刀削去茎部的粗质外皮，切去尾部木质化茎部，切成长段；锅里放1升水烧开，放入盐和植物油，放入芦笋烫3分钟后捞起，滤干水分，研磨上黑胡椒海盐调味。

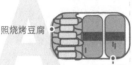

装盒示意图

照烧烤豆腐

午餐肉饭团

蚝油炒杂菇 白灼芦笋

B2

削去茎部的粗质外皮

切除木质化茎部

1升水烧开后焯3分钟

加盐、加油

飘飘建议

① 午餐肉本身脂肪较多，煎时无须放入植物油。另外因为便当里使用了午餐肉，所以其他搭配的餐品建议选择用油量较少的。控制脂肪摄入是抵御肥胖的关键步骤哦。

② 白玉菇、海鲜菇也可以换成喜欢的其他菌菇，如杏鲍菇、口蘑等。

③ 可以先吃能量较低的蔬菜，再吃富含蛋白质的肉奶蛋，最后吃碳水化合物高的主食，有助于我们控制血糖水平，减少血糖波动，所以食用这份便当可以先吃B盒，最后享用A盒的饭团。

韩式辣酱炒面便当

准备时间： 20分钟
烹饪时间： 15分钟

参考热量	A盒	B盒	550 kcal
	442kcal	108kcal	

✖ 食材·A盒

A1 韩式辣酱炒面　　鲜切面 100克　猪瘦肉 50克

花菜 50克　毛豆仁 20克　洋葱 20克　韩式辣酱 20克

韩式泡菜 20克　植物油 5克　黑胡椒海盐 适量

✖ 食材·B盒

B1 翡翠蒸丝瓜　　肉丝瓜 200克　干贝 10克　小米辣 1根
　　　　　　　　　蒜蓉酱 25克

B2 双色圣女果盒　红色圣女果 50克　黄色圣女果 50克

目 步骤

A盒

A1 韩式辣酱炒面

❶ 猪瘦肉切片，研磨适量黑胡椒海盐，腌制20
分钟，洋葱切丝，花菜切小块，毛豆仁焯水2
分钟，面条焯水1分钟，过凉水备用。

❷ 热锅倒油，放入猪肉片翻炒至断生盛出，另
起一锅，油热后放入洋葱丝和韩式泡菜炒香，
加入花菜翻炒至变软，加入面条和韩式辣酱
翻炒，最后放入毛豆仁和猪肉片，翻炒均匀
即可。

B盒

B1 翡翠蒸丝瓜

❶ 干贝洗净用温开水泡发30分钟后撕成丝状，
肉丝瓜去皮后切成长条，盘子上码放丝瓜，
淋上蒜蓉酱，铺上干贝丝，放入水烧开的蒸
锅中蒸3分钟，取出撒上切好的辣椒圈即可。

A盒

黑胡椒海盐　　腌制20分钟

花菜切块

洋葱切丝

面条焯水1分钟　毛豆仁焯水2分钟
后过凉水

备用

其他食材
另起一锅

先炒熟猪肉　再一起翻炒

B1

干贝丝　　　　　蒜蓉酱

蒸锅中蒸3分钟

飘飘建议

❶ 炒面时，由于瘦肉已经用黑胡椒海盐腌制过，韩式辣酱和韩式泡菜均含有盐分，因此不需
要另加盐等咸味调味品。同理，蒸丝瓜时蒜蓉酱中已有盐分，也不需要额外加盐了。控制
钠的摄入量更健康。

❷ 鲜切面也可以用油面、乌冬面等代替。

韩式耳光虾仁炒饭便当

准备时间： 20分钟
烹饪时间： 25分钟

参考热量	A盒	B盒	648 kcal
	571kcal	77kcal	

🍴食材·A盒

A1 韩式耳光炒饭

大米 35克　**混合杂粮米** 35克　**黑虎虾仁** 80克
松仁 6克　**苹果** 50克　**西芹** 30克　**玉米粒** 30克
鸡蛋 1颗　**韩式辣酱** 30克　**橄榄油** 3克

🍴食材·B盒

B1 凉拌秋葵　**秋葵** 80克　**植物油** 3克　**盐** 2克
　　　　　　　日式和风油醋汁 15克

B2 水果　**橘子** 75克　**蓝莓** 20克

📖 步骤

A盒

1. 大米和混合杂粮米洗净，加85毫升水，放入电饭煲煮熟；苹果、西芹切丁，鸡蛋打散备用。

2. 热锅倒油，放入黑虎虾仁，两面煎熟后盛出备用，锅里放入西芹丁和松仁炒香，再放入玉米粒翻炒，倒入杂粮饭炒散，加入韩式辣酱、黑虎虾仁和苹果丁翻炒，最后淋入蛋液，翻炒均匀即可。

B盒

1. 秋葵切掉头部，尾部斜切两刀，放入加了植物油、盐的沸水中焯3分钟捞出，食用时搭配日式和风油醋汁食用。

A盒

黑虎虾仁煎熟备用

热锅倒油

西芹丁和松仁
炒香

加入玉米粒
加入杂粮饭
炒散

韩式辣酱+苹果丁+黑虎虾仁
翻炒
淋上蛋液

B盒

尾部斜切两刀，未切断

加了油、盐的沸水
中焯3分钟

飘飘建议

1. 炒饭时苹果丁最后加入，可以保留脆脆的口感，品尝时更有惊喜。

2. 秋葵尾部斜切两刀是为了在焯烫以及淋酱品尝时更入味哦。秋葵有黏黏的口感，是因为它含有丰富的多糖物质，这是膳食纤维的一种，对肠道健康有好处。秋葵买回来应该尽快吃完，放久了会嚼不动。

黄金狮子头便当

准备时间： 15分钟
烹饪时间： 30分钟

参考热量	A盒	B盒	827 kcal
	486kcal	341kcal	

A1 **黄金狮子头**　狮子头部分：**猪肉末** 100克　**马蹄** 20克　**生姜** 3克　**酱油** 5克
玉米淀粉 2克　**黑胡椒海盐** 适量　**植物油** 适量　**熟白芝麻粒** 适量

配菜部分：**猪肚菇** 100克　**虫草花** 50克　**蚝油** 20克　**植物油** 3克
水淀粉 50克（淀粉5克 / 水45毫升）

A2 **蒜蓉四季豆**　**四季豆** 90克　**蒜末** 5克　**植物油** 3克　**盐** 0.5克

🍴 **食材·B盒**

B1 **三色藜麦饭**　**大米** 55克　**三色藜麦** 15克　　**B2** **蔬果**　**青提** 160克　**生菜** 10克

📋 **步骤**

A盒

A1　黄金狮子头

❶ 马蹄、生姜分别切成碎末，猪肉末加入酱油、适量黑胡椒海盐、玉米淀粉，用筷子搅打上劲，加入马蹄末、生姜末搅拌均匀，用手团成球状；锅中倒油烧至170℃左右，放入狮子头炸至成形，表面呈金黄色时盛出。

❷ 猪肚菇切成四瓣，另起一锅，油热后放入猪肚菇翻炒，稍微炒软后放入狮子头和虫草花，加入蚝油和没过食材的水，水烧开后加盖焖煮10分钟，调入水淀粉翻炒均匀，锅中还剩余较多酱汁水时即可关火装盒，在狮子头上放白芝麻点缀。

A2　蒜蓉四季豆

❶ 平底锅放油烧热后放入蒜末，爆出香味后加入四季豆翻炒，炒至变色加入冷水，大火焖煮5分钟，加入盐调味即可，盛出装盒。

B盒

❶ 三色藜麦和大米淘洗干净后，加入80毫升水，放入电饭煲中煮熟。

❷ 将三色藜麦饭和青提装盒，中间用生菜隔开。

A1

切成碎末

黑胡椒海盐

混合搅打猪肉末

团成球状

170℃　炸至成形，表面金黄

X__O　　　　　　　　　　三色藜麦饭

用生菜隔开

装盒示意图

黄金狮子头

蒜蓉四季豆

三色藜麦饭

蔬果

飘飘建议

① 制作狮子头时，猪肉末宜用肥瘦为2∶8的猪肉，既保证口感又避免脂肪摄入过量。为避免狮子头散开，在搅打阶段一定要用力；炸狮子头也可以考虑用少量油慢慢煎熟（用煎的方式会损失一些圆形的形状）；狮子头配方里的马蹄也可以用莲藕碎代替。

② 四季豆的烹饪时间一定要够，因为没有熟透的四季豆含有植物血凝素、皂苷等物质，会导致腹痛腹泻、呕吐、头晕、胸闷、心慌等中毒症状。可以观察颜色判断是否熟透，它会失去原有的鲜嫩色，并且吃起来没有生豆味。

③ 这道便当热量较高，建议女生减量1/4。

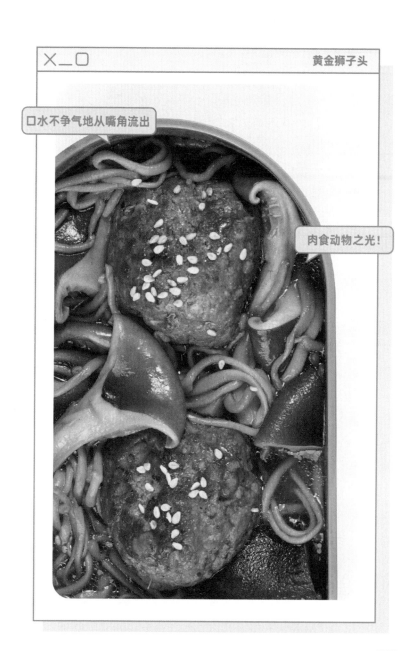

口水不争气地从嘴角流出

肉食动物之光！

三文鱼蛋包饭便当

准备时间： 15分钟
烹饪时间： 25分钟
（不含煮饭时间）

参考热量	A盒	B盒	555 kcal
	372kcal	183kcal	

✗ 食材·A盒

A1 蛋包饭 **米饭** 100克 **香菇** 15克 **胡萝卜** 15克 **青豆仁** 10克

鸡蛋 2颗 **番茄酱** (炒饭用) 20克 **番茄酱** (蘸酱用) 15克

植物油 8克 **黑胡椒海盐** 适量

✗ 食材·B盒

B1 香煎三文鱼柳 **三文鱼柳** 90克 **橄榄油** 3克

黑胡椒海盐 适量 **迷迭香** 2根 **优雅生菜** 25克 **柠檬角** 15克

B2 蔬果 **樱桃萝卜** 15克 **圣女果** 100克

飘飘建议

❶ 厚块三文鱼先煎上色锁住汁水，再用烤箱烤制可以让口感更软嫩。

❷ 正规的生食三文鱼，为了降低寄生虫风险，通常要经过在零下20℃以下冷冻一周以上，或者零下35℃冷冻一天以上的深度冷冻处理。除了符合生食标准的三文鱼，建议三文鱼烹饪熟了再吃，因为经过60℃以上高温充分加热就能消灭寄生虫。

目 步骤

A盒

A1 蛋包饭

❶ 香菇和胡萝卜分别切丁，热锅倒5克油，放入胡萝卜丁、青豆仁和香菇丁翻炒，炒至食材变软后加入米饭和番茄酱，翻炒均匀，研磨适量黑胡椒海盐调味，翻炒均匀后盛出。

❷ 2颗鸡蛋打散过筛，另起一锅，热锅倒3克油，倒入蛋液摊成平整的圆形，底部凝固时将炒好的米饭放在蛋皮一侧，将另一半蛋皮翻起折叠盖住米饭，把蛋包饭盛出装入A盒，淋上番茄酱，同时准备蘸酱盒，享用时可以蘸食。

B盒

B1 香煎三文鱼

❶ 三文鱼柳用厨房纸吸干水分，研磨适量黑胡椒海盐腌制15分钟。

❷ 平底锅加入橄榄油，烧至微微冒烟放入三文鱼柳和1根迷迭香，再研磨适量黑胡椒海盐，煎1分钟后翻面再煎1分钟至表面上色，放入180℃预热好的烤箱中层，烤6分钟即可。

❸ 三文鱼和优雅生菜、柠檬角、新鲜迷迭香一起装盒，享用时在三文鱼上挤上柠檬汁。

B2 蔬果： 樱桃萝卜切片，和圣女果一起装盒即可。

A1

切丁，与米饭翻炒

番茄酱

另起一锅，煎蛋皮

B1

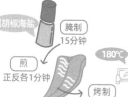

黑胡椒海盐

腌制 15分钟

煎 正反各1分钟

180℃

烤制 6分钟

奶汁虾仁意面便当

参考热量	A盒	B盒	496 kcal
	388kcal	108kcal	

🍴 食材·A盒

A1 奶汁虾仁意面

斜管通心粉 60克　虾仁 70克　芦笋 60克

牛奶 45克　淡奶油 20克　橄榄油 3克

黑胡椒海盐 适量　欧芹碎 适量　盐 适量

🍴 食材·B盒

B1 凉拌蔬菜丝　西葫芦 80克　胡萝卜 30克

日式和风油醋汁 25克

B2 水果　猕猴桃 1颗

📋 步骤

A盒

A1 奶汁虾仁意面

❶ 斜管通心粉放入加了盐的沸水中煮8分钟捞出，煮面水留用。

❷ 热锅倒入橄榄油，放入虾仁煎至两面变色，倒入淡奶油和牛奶，煮沸后加入切段芦笋和斜管通心粉，加少许煮面水调节浓稠度。

❸ 研磨适量黑胡椒海盐调味，小火煮至汁水浓稠时关火，盛出装入A盒，撒上少许欧芹碎做装饰。

B盒

B1 凉拌蔬菜丝

❶ 胡萝卜、西葫芦削皮，用刨丝器刨成长条的丝，捋顺后卷起装入B盒，享用时淋上日式和风油醋汁。

B2 猕猴桃去皮，用水果刀刀尖在猕猴桃上切一圈"W"形后分成两半，放入B盒小隔层中，也可以使用雕花刀。

A1

8分钟

水烧沸腾加盐　汁水

煮意面的汁水留一碗备用

虾仁煎至两面变色

倒入淡奶油和牛奶

加入切段芦笋和煮好的通心粉

黑胡椒海盐

小火煮至汁水浓稠时关火

B2

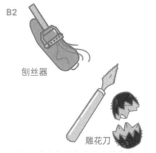

刨丝器

雕花刀

081

X_O 　　　　　　　　　狝猴桃

奶汁虾仁意面

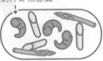

凉拌蔬菜丝

水果

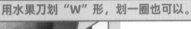

用水果刀划"W"形，划一圈也可以。

飘飘建议

① 意面煮好后，记得留一小碗煮面的汤汁备用。煮面的汤汁里富含意面流失掉的淀粉，这是完美的"天然增稠剂"，可以在炒意面的环节让奶汁和意面融合得更好。

② 如果西葫芦表皮很嫩，可以洗干净外皮，不用去皮，直接刨丝。如果不喜欢生吃西葫芦，也可以刨丝后放微波炉用中火加热30秒。

③ 蔬菜一定要先洗后切，因为从切菜开始，蔬菜里的维生素就开始流失了。很多维生素在接触空气和氧化酶后会被氧化，水溶性维生素还会溶解到水里被白白浪费掉。如果切完后为了洗干净而长时间浸泡，更是会损失20%以上的维生素C。

黄咖喱牛腩便当

准备时间: 10分钟
烹饪时间: 40分钟
(不含煮饭时间)

参考热量	A盒	B盒	767 kcal
	662kcal	105kcal	

🍴 食材·A盒

A1 黄咖喱牛腩　　牛腩 100克　**胡萝卜** 60克　**土豆** 50克　**洋葱** 50克　**植物油** 5克

　　　　　　　　　　黄咖喱酱 35克　**盐** 1克

A2 主食　　米饭 120克　**黑芝麻** 适量

🍴 食材·B盒

B1 凉拌莴笋丝　　莴笋 150克　**盐** 2克　**鱼露** 4克　**米醋** 6克　**麻油** 2克　**小米辣** 适量

B2 水果　　火龙果 110克

🗐 步骤

A盒

A1 黄咖喱牛腩

① 牛腩冷水下锅，焯水后捞起撇去浮沫，切块。

② 土豆、胡萝卜和洋葱分别切块，热锅倒油，
放入蔬菜翻炒。

③ 食材炒香后放入牛腩，倒入没过食材的清水，
大火煮开后转中小火焖煮30分钟至牛腩变软，
加入黄咖喱酱和盐，翻炒均匀，煮至汁水浓稠
时关火。

A盒一边装入米饭，点缀少许黑芝麻，一边装
入煮好的黄咖喱牛腩。

A1

牛腩冷水下锅

撇去浮沫，切块

土豆/胡萝卜/洋葱切块

加入黄咖喱酱和盐

翻炒收汁

焖煮30分钟

🔥 大火转中小火 🔥

炒香后放入牛腩

B盒

B1 凉拌莴笋丝

❶ 莴笋先切成薄片再改刀切成细丝，加入盐腌制10分钟，出汁水后用凉开水快速冲洗一遍。

❷ 加入鱼露、米醋与麻油，拌匀之后放上小米辣做点缀。

B2 水果

❶ 火龙果用挖球器挖成球形，装盒即可。

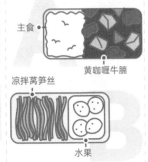

装盒示意图

主食

黄咖喱牛腩

凉拌莴笋丝

水果

B1

莴笋切薄片，再切细丝

加盐腌制10分钟

B2

挖球器

飘飘建议

❶ 因为黄咖喱牛腩里有土豆，土豆也富含碳水化合物，所以这道便当米饭的量可以适当减少哦。

❷ 莴笋丝用盐腌制"煞水"的做法可以减少生涩味并且让口感变更脆，但是也会损失一定的维生素并增加钠的摄入，煞出汁水后用凉开水冲洗的环节要加快速度哦，切忌浸泡在水里，造成维生素进一步流失。

绿咖喱鸡便当

⏱ 准备时间：10分钟
烹饪时间：30分钟

参考热量	A盒	B盒	599 kcal
	344kcal	255kcal	

✖️ 食材·A盒

A1 **绿咖喱鸡** 鸡腿肉 90克 **西葫芦** 70克 **海鲜菇** 50克
荷兰豆 50克 **红尖椒** 5克 **植物油** 5克 **黑胡椒海盐** 适量
绿咖喱料包 1份（粉料包与酱料包）

✖️ 食材·B盒

B1 **玉米米饭** **大米** 40克 **玉米粒** 30克

B2 **水果** **蓝莓** 55克 **青提** 75克

🎏 步骤

A盒

A1 绿咖喱鸡

① 鸡腿肉切块，研磨适量黑胡椒海盐腌制20分钟。

② 西葫芦切块，荷兰豆撕去筋膜，红尖椒切圈备用。

③ 热锅倒油，放入腌制好的鸡腿肉，中火煎熟，盛出备用。

④ 另起一锅，倒入400毫升冷水，加入绿咖喱粉料包搅拌化开，再加入绿咖喱酱料包搅拌均匀并煮沸，放入鸡腿肉、西葫芦、海鲜菇，转小火熬煮8分钟，加入荷兰豆和红椒圈，大火煮1分钟后关火，将煮好的绿咖喱鸡肉装入A盒。

B盒

① 大米与玉米粒洗净后加入85毫升水，用电饭煲蒸熟，盛出与水果一同装盒即可。

A1

切块 黑胡椒海盐

腌制20分钟

中小火煎熟备用

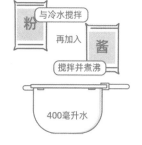

粉 与冷水搅拌

再加入 酱

搅拌并煮沸

400毫升水

放入鸡腿肉、西葫芦、海鲜菇

转小火熬煮8分钟

加入荷兰豆和红椒圈

大火煮1分钟后关火

飘飘建议

① 市售绿咖喱酱料有多种可选，可以根据所选酱料的烹饪提示微调做法。绿咖喱的绿色主要源于绿色蔬菜，熬煮时间太长会导致颜色变深。

② 荷兰豆只要焯烫熟就可以食用，在煮绿咖喱的最后阶段才放入，可以保持翠绿的颜色。

③ 《中国居民膳食指南（2022）》里建议每天摄入蔬菜300~500克，这份便当只有绿咖喱这道"硬菜"，在烹饪的时候可以在绿咖喱里多放一些你喜爱的蔬菜哦！

照烧鸡翅便当

准备时间: 10分钟
烹饪时间: 30分钟

参考热量	A盒	B盒	511 kcal
	326kcal	185kcal	

✗ 食材·A盒

A1	照烧鸡翅	鸡翅 3个80克 照烧汁 8克 白芝麻 适量 生菜 25克 圣女果 30克
A2	土豆泥	土豆 200克 黑胡椒海盐 适量

✗ 食材·B盒

B1	焖素菜	山药 40克 玉米笋 40克 西蓝花 35克 胡萝卜 30克
		木耳 20克 橄榄油 2克 黑胡椒海盐 适量
B2	蔬果	荔枝 180克 生菜 10克

目 步骤

A盒

A1 照烧鸡翅

❶ 鸡翅洗净，双面各划两刀，用厨房纸吸干水分，刷上照烧汁，腌制30分钟。

❷ 盖好保鲜膜，用牙签在保鲜膜上戳几个孔，放入微波炉用高火加热3分钟，翻面再次刷上照烧汁，再加热2分钟即可，表面用白芝麻装饰。

A1

照烧汁

腌制30分钟

在保鲜膜上戳洞

高火加热3分钟

翻面刷汁

再热2分钟

A2 土豆泥

❶ 土豆表面划几刀，不用去皮，放入沸水中煮熟（煮到能用筷子轻易戳进中心即可）。

❷ 取出趁热剥皮后压成泥，放入少许煮土豆的水调节浓稠度，研磨适量黑胡椒海盐调味，追求细腻口感的话可以将土豆泥过筛一遍。手戴一次性手套，将土豆泥团成两个小球。

❸ 铺一层生菜，放入土豆泥球、照烧鸡翅和切半的圣女果。

A2

沸水煮熟

煮土豆的汁水

\+

加水调节

趁热压成泥

追求细腻口感

可将土豆泥过筛一遍

团成球状

091

B1 焖素菜

❶ 山药切片，胡萝卜切小块，西蓝花切小朵。

❷ 热锅倒橄榄油，放入所有的蔬菜翻炒均匀，加入少许清水，盖上锅盖调至最小火，焖煮10分钟至蔬菜全熟，研磨适量黑胡椒海盐调味。

❸ 将煮好的焖素菜装入B盒中，用生菜做隔档，放入去皮荔枝即可。

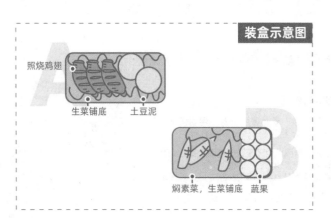

装盒示意图

照烧鸡翅

生菜铺底　　　土豆泥

焖素菜，生菜铺底　　蔬果

飘飘建议

❶ 用微波炉烹饪鸡翅时记得盖上保鲜膜并用牙签将保鲜膜刺破一些小孔，防止蒸汽爆裂。记得选择聚乙烯(PE)材质的保鲜膜，适用温度为-60~110℃，微波炉使用也可以放心。

❷ B盒的焖素菜选用了"水焖菜"的做法，相比于煎和炸，维生素C和维生素B损失更少，油烟也更少。相比于炖煮，使用的水更少，因此也可以有效减少各种水溶性维生素的溶出。只需要少量油或者不加油，对于控制体重的人群来说是很不错的烹饪方式。

土豆泥

哇呜！赞赞赞！

照烧鸡翅

太下饭了吧！

黑椒牛柳便当

准备时间: 10分钟
烹饪时间: 30分钟

参考热量	A盒	B盒	670 kcal
	248kcal	422kcal	

✗ 食材·A盒

A1　黑椒牛柳　**牛肉** 80克 **洋葱** 60克 **黄彩椒** 30克
青椒 20克 **红尖椒** 6克 **橄榄油** 3克 **黑胡椒酱** 20克

A2　蔬果　**金灯果** 150克

✗ 食材·B盒

B1　红薯饭　**红薯** 50克 **大米** 60克

B2　西芹炒百合　**西芹** 60克 **鲜百合** 30克 **腰果** 15克
橄榄油 3克 **黑胡椒海盐** 适量

飘飘建议

① 薯类食物（红薯、紫薯、
山药、芋头等）富含钾元
素、维生素C等营养物质
与膳食纤维；建议每天摄
入50~100克，代替部分
精白米面。

目 步骤

A盒

A1　黑椒牛柳

❶ 牛肉切成条，洋葱、黄彩椒和青椒分别切丝，
红尖椒切圈。

❷ 热锅倒橄榄油，放入洋葱炒软，再放入牛肉
翻炒至变色，加入黑胡椒酱翻炒均匀，最后
放入黄彩椒丝、青椒丝和红尖椒翻炒30秒，
关火盛出。

B盒

B1　红薯饭

❶ 红薯去皮切小块，放入淘洗好的大米中，加
入72毫升水用电饭煲焖煮熟。

B2　西芹炒百合

❶ 西芹斜切成小段，鲜百合剥成片，热锅倒橄
榄油，油热后放入西芹，中火翻炒90秒，继
续加入腰果和鲜百合翻炒1分钟，研磨适量黑
胡椒海盐调味即可。

将餐品和水果一起装盒即可。

A1

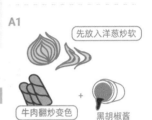

先放入洋葱炒软

牛肉翻炒变色　＋　黑胡椒酱

加入彩椒丝和尖椒圈

翻炒30秒出锅

B1

去皮切小块　　大米

B2

西芹切小段
翻炒90秒　　　百合剥成片

翻炒1分钟

研磨黑胡椒海盐调味即可

泰式甘蔗虾糯米饭便当

准备时间： 10分钟
烹饪时间： 35分钟
（不含糯米浸泡时间）

参考热量	A盒	B盒	597 kcal
	507kcal	90kcal	

✗ 食材·A盒

A1 **甘蔗虾** **虾仁** 85克 **玉米淀粉** 20克 **黑胡椒海盐** 适量 **甘蔗** 20克 **花生油** 450毫升
泰式甜辣酱 30克

A2 **椰浆糯米饭** **糯米** 60克 **椰浆** 50克 **黑芝麻** 少许 **优雅生菜** 40克

✗ 食材·B盒

B1 **鱼露虾米炒西蓝苔** **西蓝苔** 120克 **蒜头** 12克 **B2** **水果** **杧果** 165克

虾米 8克 **鱼露** 5克 **橄榄油** 3克 **花生碎** 1克

📋 步骤

A盒

A1 甘蔗虾

❶ 去皮甘蔗改刀成直径约2厘米、长度约10厘米的小条。

甘蔗条

❷ 虾仁剁成泥，加入黑胡椒海盐和玉米淀粉搅拌均匀，将虾泥均匀包裹住2/3根甘蔗小条。

+玉米淀粉
+黑胡椒海盐

搅拌均匀

虾仁剁成泥

❸ 花生油烧热至170℃左右（用干净、干燥的筷子插入油里，有细密的小泡持续冒出的程度），放入甘蔗虾炸至表面稍微金黄捞出，锅中的油再次烧热至200℃（锅上烟较大，筷子周围气泡非常密集），放入甘蔗虾复炸30秒左右，表面金黄酥脆即可捞出控油。

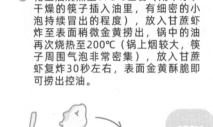

用虾泥均匀包裹

待表面稍微金黄捞出

170℃

油锅
再次烧热
200℃

复炸30秒

待表面金黄酥脆捞出控油

A2 椰浆糯米饭

① 糯米浸泡30分钟，淘洗后加入椰浆和30毫升水一起放入电饭煲煮熟，点缀黑芝麻，和优雅生菜、甘蔗虾、泰式甜辣酱一起装入盒中。

糯米饭　甘蔗虾

水果　西蓝苔

B盒

B1 鱼露虾米炒西蓝苔

① 虾米提前泡发，蒜头切片。

② 热锅倒入橄榄油，放入蒜片和虾米炒香，放入西蓝苔翻炒，加入少许水将菜焖熟，淋入鱼露调味，出锅前加入花生碎翻炒均匀即可。

B2 水果

① 杧果切块，一起装盒即可。

飘飘建议

① 这道甘蔗虾使用油炸的做法，但是油炸后只消耗了2.5克花生油。毕竟油炸会产生反式脂肪酸、胆固醇氧化产物、触发炎症的有害物质，建议每个月吃油炸食品的次数不要超过3次。

② 家庭用油各个品种里，相对来说，猪油和花生油更适合炸东西。注意油温不要太高，也不要反复油炸，偶尔使用大豆油、菜籽油也是可以的。

墨西哥猪肉
迷你塔可便当

准备时间: 5分钟
烹饪时间: 25分钟

参考热量	A盒	B盒	671 kcal
	392kcal	279kcal	

✄ 食材·A盒

A1 | **墨西哥猪肉塔可** | **原味卷饼皮** 2张 **猪梅花肉** 60克 **青柠檬角** 50克 **洋葱** 30克
| | **墨西哥烟熏辣酱** 15克 **橄榄油** 3克 **黑胡椒海盐** 适量

✄ 食材·B盒

B1 | **墨西哥莎莎酱** | **洋葱** 60克 **番茄** 60克 **牛油果** 35克 **香菜** 10克 **青柠檬汁** 30克
| | **黑胡椒海盐** 适量
B2 | **玉米片** | **即食玉米片** 40g

🗒 步骤

A盒

A1 墨西哥猪肉塔可

❶ 原味卷饼用合适大小的杯子刻出小的圆形饼皮，放在W形架上，放入180℃预热好的烤箱烤3分钟至定形。

❷ 猪肉切成条，研磨适量黑胡椒海盐腌制片刻。

❸ 洋葱切丝，热锅倒橄榄油，放入猪肉炒至变色，加入洋葱丝翻炒出香味，快起锅时加入墨西哥烟熏辣酱，翻炒30秒左右即盛出。

❹ 将炒好的猪肉放在塔可饼皮上，食用时挤入青柠檬汁。

B盒

B1 墨西哥莎莎酱

❶ 洋葱、番茄、牛油果分别切丁，香菜切碎，将所有食材加入青柠檬汁和黑胡椒海盐一起拌匀即成墨西哥莎莎酱。

❷ 即食玉米片装盒，搭配莎莎酱食用。

💭 小贴士

U形饼皮的3种方法

❶

W形架子

❷

用牙签固定

❸

配合烤架，倒挂烤制

飘飘建议

做塔可类型的便当时，也可以将卷饼皮与馅料分别装入便当盒，享用时再卷成塔可的形状。

1张常规大小的饼皮可以做3个迷你塔可。

小鲜肉米汉堡便当

准备时间： 10分钟
烹饪时间： 40分钟

参考热量	A盒	B盒	688 kcal
	620kcal	68kcal	

🍴 食材·A盒

A1 米汉堡   **黑米饭：黑米** 30克 **大米** 30克

          鸡肉饼：鸡胸肉 75克 **胡萝卜** 5克 **马蹄** 10克 **玉米淀粉** 2克
                橄榄油 3克 **黑胡椒海盐** 适量

          牛油果泥：牛油果 50克 **柠檬汁** 5克 **黑胡椒海盐** 适量

          番茄片 50克 **蜂蜜芥末酱** 20克

A2 秋葵蛋卷   **秋葵** 2根32克 **鸡蛋** 2颗 **盐** 0.5克 **植物油** 2克 **优雅生菜** 25克

🍴 食材·B盒

B1 蔬果沙拉   **西蓝花** 80克 **优雅生菜** 30克 **玉米笋** 40克 **红圣女果** 35克
           黄圣女果 20克 **蓝莓** 15克 **日式和风油醋汁** 25克

📋 步骤

A盒

A1 米汉堡

❶ 黑米加大米加120毫升水蒸熟，晾凉备用。

❷ 鸡胸肉剁成泥，加入胡萝卜碎、马蹄碎、玉米淀粉，研磨适量黑胡椒海盐，搅拌至上劲，用手团成椭圆形，橄榄油烧热，放入鸡肉饼，两面煎至金黄色即可。

❸ 牛油果挖出果肉，加入柠檬汁和黑胡椒海盐，用叉子碾压成泥。

❹ 砧板上铺一层保鲜膜，先放入一层黑米饭，再依次铺上番茄片、蜂蜜芥末酱、鸡肉饼、牛油果泥，最后铺上一层黑米饭，将保鲜膜四边提起包住米汉堡，裹紧后用刀将米汉堡切成两半即可。

A2 秋葵蛋卷

❶ 秋葵去蒂，放开水里烫2分钟后捞起，滤干水分，切去头尾取中间段。

A1

鸡胸肉剁成泥

切成碎末

加玉米淀粉、黑胡椒海盐

混合搅打上劲

团成椭圆形

黑米饭

牛油果泥

鸡肉饼

番茄片

蜂蜜芥末酱

❷ 蛋液加入20毫升水和盐，均匀打散。

❸ 厚蛋烧煎锅均匀涂抹一层植物油，倒入1/2蛋液，待微凝固后，在尾部放入秋葵，卷起至边缘后倒入剩下的蛋液，反方向卷起后切段即可。

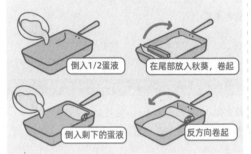

倒入1/2蛋液

在尾部放入秋葵，卷起

倒入剩下的蛋液

反方向卷起

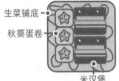

生菜铺底

秋葵蛋卷

米汉堡

蔬果沙拉

B盒

B1 蔬果沙拉

❶ 西蓝花切小朵，和玉米笋一起放入沸水中焯熟后捞出沥干水，红黄圣女果切半，盒中放入优雅生菜垫底，再放入西蓝花、玉米笋和其余食材即可。享用时搭配油醋汁。

飘飘建议

❶ 1颗鸡蛋的蛋白质含量是6~7克，如果每天都会吃肉鱼奶类和豆制品，通常每天吃1颗鸡蛋就可以了，偶尔吃2颗也不用感到压力太大。而健身的小伙伴、孕妈妈和发育中的青少年需要更多蛋白质，一天中吃2~3颗鸡蛋都没问题。

❷ 鸡肉饼可以多做一些冷冻存储使用。冷冻可存储1个月，需要的时候拿出来解冻煎熟即可，搭配汉堡、三明治都十分方便。

星星秋葵

快乐加班串串便当

✄ 食材·A盒

A1 沙爹彩椒牛肉串(6串) **牛肉** 150克 **黄彩椒** 40克

红彩椒 40克 **洋葱** 25克 **咖喱酱** 40克 **花生酱** 20克

植物油 5克 **黑胡椒海盐** 适量 **生菜** 40克

✄ 食材·B盒

B1 辣李子 李子 120克 **麻辣干碟** 5克 **细砂糖** 2克

B2 水果 哈密瓜 200克

📖 步骤

A盒

A1 沙爹彩椒牛肉串

❶ 牛肉切成适中的小块，加入黑胡椒海盐、咖喱酱和花生酱腌制30分钟。

❷ 红黄彩椒和洋葱切片，用竹签将牛肉、洋葱和彩椒串成串。

❸ 热锅倒油，放入牛肉串用中火煎至牛肉变熟，盛出；盒中铺一层生菜，放上牛肉串串即可。

B盒

B1 辣李子

❶ 李子用刀背拍扁，加入麻辣干碟和细砂糖搅拌均匀，放入便当盒中腌制。

与哈密瓜一起装盒即可。

A1

黑胡椒海盐+咖喱酱+花生酱

腌制30分钟

串成串

煎至牛肉变熟

B1

搅拌腌制

麻辣干碟加细砂糖

来一根~

> 加班的时候来一份充满能量的串串便当吧，也可以与一起加班的"战友"们分享。
>
> 香气四溢的牛肉串串，酸辣开胃的脆李子，补充水分和维生素的哈密瓜，让加班快乐一点。

飘飘建议

❶ 牛肉串串也可以用220℃预热好的烤箱烤制15分钟。用烤箱的话，可以在竹签尾部包上锡纸，防止温度过高炭化，也可以制作串串前将竹签放水里浸泡10分钟。

❷ 食材的量考虑到了和"战友"一起分享的场景需求。如果独自一人加班，可以适当减少1/3~1/2。

❸ 工作越辛苦，吃饭的质量就会越差，寻求食物的欲望就会越强烈，这次，用自己制作的元气串串治愈一下疲惫的灵魂吧！提醒一下不要很饿再吃饭哦，因为过分饥饿更容易导致你控制不了自己吃太多。

减肥期灵魂便当革命

不吃就能瘦？！

曾经以为不吃就能瘦，少吃就能瘦，也尝试过N种减肥方法：苹果减肥法、黄瓜减肥法、七日魔法蔬菜汤减肥法、断食晚餐减肥法等。年少无知时（大学时）把减肥的坑踩了个遍，一度陷入了"节食—暴饮暴食—节食"的死循环，身体不好了，心态总是崩，顽固的肉肉却没走。

后来因为创业，我系统地学习了营养知识并应用到日常生活里，慢慢就收获了"吃不胖体质"。我们会发现，真正有用的减肥方法看起来都朴实无华，一点也不惊世骇俗、标新立异。但也因为这样"平平无奇"，我们容易觉得"真的就这么简单吗"？

椰子油能减肥？！

在这一节里，我们来一起击破5个减肥谣言，也希望通过破除谣言，让我们树立基础的、正确的减肥减脂观念，然后通过实际行动践行这些看似朴素但十分有用的做法。<u>知道，做到，知行合一，你也可以的！</u>

减肥谣言 01

不吃就能瘦

减肥的底层逻辑就是制造热量缺口。只要摄入的热量小于消耗的热量，你就会瘦下来。

但是，灵魂拷问来了：

你能一餐不吃，你可以三餐都不吃吗？

你可以一天不吃，你可以三天都不吃吗？

这三天过后呢？报复性饮食？

! —请跟我默念三遍：

"所有不能长久坚持的减肥方法都是无用的。"

大家容易认为肥胖就是吃太多了，摄入营养太多了，所以减肥就索性不吃了，把自己饿瘦！错错错！

肥胖不是因为营养太多了，反而是因为营养不良！

肥胖是由于营养素摄入得不全面，从而营养失衡或者缺乏某种维生素、矿物质，同时存在其他营养成分过度摄入，造成了隐形饥饿症状。

不吃的话，除了很残忍地抑制食欲，让营养不良变得更严重，还很容易使人抑郁、厌食、暴饮暴食。

减肥不是不吃，而是在合理的食量里，尽可能多地吃营养价值高的食物，每天摄入12种，每周摄入25种以上。

同时抛弃那些没有什么营养价值又容易让人长胖的食物（比如高糖、高油、高盐的食物）。它们不仅不能帮我们减肥，还会让我们越吃越胖。

真相

不吃，
不仅减不了肥，
而且容易更胖！

主食最让人发胖

大家很容易把主食等同于碳水化合物，或者把碳水化合物等同于主食。

事实上，淀粉类的主食（谷薯类，面条、馒头等各种面粉制品等）除了有碳水化合物，还有其他营养素，而碳水化合物也不只存在于主食中，像各种含精制糖的食物、海鲜类、肉类、蔬菜、水果里面也大多有碳水化合物的存在。

我们来看看碳水化合物的作用：

在维持身体健康所需要的能量中，55%~65%由碳水化合物提供；在前一节里，我们提到大脑和神经系统依赖碳水化合物来供给能量，同时碳水化合物是肌肉活动时的主要燃料。

此外，碳水化合物还有节约蛋白质的作用。

说人话就是：

❶ 提供能量。

❷ 脑力活动必须有碳水化合物的参与。

❸ 如果不吃主食，吃各种肉类本来是想补充蛋白质，会事与愿违啦，因为它们会优先被身体拿去当"燃料"浪费掉。

谷物本身含有7%~10%的蛋白质，如果我们没有吃淀粉类的主食，当我们三餐中碳水化合物供应不足时，身体会将摄入的蛋白质转化为葡萄糖供给能量，从而造成蛋白质缺乏。

让我们发胖的不是主食，不是碳水化合物，而是我们长期整体摄入的热量太高，超过我们每天消耗的热量。长此以往，剩余的热量就会以脂肪的形式在我们身上堆积、留存，造成肥胖。

只要合理摄入，无须畏惧主食！同时需要升级主食，提高主食质量，收获更全面的营养。《中国居民膳食指南（2022）》推荐我们每天谷薯类摄入250~400克，其中全谷物和杂豆50~150克，薯类50~100克（每日需求能量1600~2400kcal的人群建议数值）。在减肥减脂期，我们可以将整体主食量减少1/3左右，特别是减少白米饭、白面条、馒头等精制碳水，同时保证全谷物、杂豆、薯类等优质碳水的摄入。

在减脂主题的便当食谱中，我加入了丰富多样的主食：杂粮米饭、红薯、玉米、荞麦面、魔芋面、全麦吐司、意大利面等。减脂餐也可以很丰盛！

真相

**主食不是魔鬼！
控制数量，
保证质量。**

减肥谣言 03

既然要减脂，那就马上戒脂肪

对于要减肥减脂的人来说，脂肪就是我们的头号敌人，但还是要提醒你，是"少吃"而不是"不吃"。脂肪在我们体内起着很重要的作用：**促进脂溶性维生素A、D、E、K的吸收**。同时一些食物的脂肪本身也包含着脂溶性维生素，如鱼肝油、奶油中含有丰富的维生素A、维生素D。另外，脂肪也有助于增加饱腹感，让我们不容易感到饥饿等。

食物中的大多数脂肪，我们的身体可以合成，但两种**必需脂肪酸**除外（必需脂肪酸是指我们的身体需要但是不能自己合成，必须由食物来供应的脂肪酸，如ω-6多不饱和脂肪酸里的亚油酸和ω-3多不饱和脂肪酸里的α-亚麻酸）。必需脂肪酸缺乏，会影响免疫力、伤口愈合、视力、肝肾功能、脑功能，以及心血管健康等。

另外，需要警惕含**人造反式脂肪酸**的食物。人造反式脂肪酸被称为"餐桌上的定时炸弹"，它会增加心脏和动脉的患病风险，**对怕胖的人来讲更是洪水猛兽**。同样是摄入脂肪，反式脂肪酸促进肥胖的能力足足是脂肪总体平均水平的7倍！

人造反式脂肪酸

炸 弹

健康脂肪酸来源

单不饱和脂肪酸	ω-6多不饱和脂肪酸 含必需脂肪酸：亚油酸	ω-3多不饱和脂肪酸 含必需脂肪酸：α-亚麻酸
植物油 橄榄油/菜籽油 花生油/芝麻油等	**植物油** 玉米油/大豆 葵花籽油/亚麻籽油等	**海鱼** **亚麻籽油** **大豆**
坚果 杏仁/腰果/榛子 夏威夷果/花生/山核桃 开心果等	**坚果** 胡桃等	**坚果** 核桃/松子/栗子等
橄榄 **牛油果** **纯花生酱**	**种子** 白瓜子/葵花籽等	
种子 芝麻		

小贴士

必需脂肪最好的食物来源是**植物油类**。《中国居民膳食指南（2022）》推荐我们每天使用烹调油25~30克（大概是家庭用陶瓷勺的2~3勺），减肥减脂期可以尝试减少1/3，即每天烹饪用油15~20克，**一份减脂期便当建议控制用油量在10克以内**。坚果也是建议控制在一天10克以内（真的是一小撮而已）。

有害脂肪酸来源

饱和脂肪酸	人造反式脂肪酸
培根 **黄油** **猪油**	**市售烤制食品** 包括人造奶油或植物起酥油 制作的小甜饼、蛋糕、馅饼和其他食物
油 椰子油、棕榈油 **起酥油**	
奶酪 **全奶产品** **奶油干酪** **奶油**	**油炸食品** （特别是餐馆菜品和快餐食品） 油炸加工的零食，包括炸薯片、 爆米花、薄脆饼干
巧克力 **椰子** **肉**	
	人造奶油 （氢化或部分氢化的）
	非乳制的奶精、**酥油**

真相

吃健康脂肪，
尽量避开有害脂肪，
控制脂肪总摄入量。

椰子油能减肥

当有人跟你说多吃某种油有利于减肥，千万别信。无论哪种油，即使是前面提到的人体不能自己合成，需要通过食物摄取必需脂肪酸的亚麻籽油，或者富含单不饱和脂肪酸的橄榄油等，在热量面前，它们是平等的，每克都约有9kcal的热量，吃多了一样令人发胖。

椰子油以饱和脂肪酸为主，占比高达80%，在前表中饱和脂肪酸可是被列为"有害脂肪酸来源"。但也因为椰子油饱和脂肪酸含量高、抗氧化，所以适合高温煎炸和烘焙。如果只是偶尔用，那没太大关系。如果想靠它减肥？算了吧。

减脂人群普遍脂肪摄入过高或者身体内本身脂肪含量过高，并不需要额外补充脂肪了，注意力应该放在如何少摄入脂肪，以及摄入优质脂肪上面。

真相

无论哪种油，都不能减肥，但是少吃油可以帮助减肥。

想减掉身上的肥肉，那就不要吃肉

因为这个观念的存在，瘦身蔬菜汤之类的偏方特别流行。

大家怕吃肉会胖，其实吃肉会导致肥胖，只有两个原因：

01 吃的量太多

02 吃错肉，选择的肉里面含有大量的脂肪

当然了，*01*+*02* 就更严重啦！

肉类的热量不算高，畜禽肉的热量比常见的谷薯类还低，水产品就更低了，**只要不是肥肉和带皮的肉，在摄入量正常和烹饪方式正确（没有额外加很多油、糖等）的情况下，热量就不用太担心。**

名称	热量 每100克可食部分生重
鸡胸肉	118 kcal
鸡腿	146 kcal
猪瘦肉	143 kcal
梅花肉	155 kcal
牛瘦肉	113 kcal
三文鱼	139 kcal
虾	93 kcal
鱿鱼	84 kcal
大米	346 kcal

肉类是我们补充蛋白质的好来源。蛋白质是我们身体的重要组成部分，即使是在减脂减肥期，也需要补充足够的蛋白质。从蛋白质到脂肪的转化非常困难，**所以即使摄入量相对较多，也不会对肥胖造成较大的影响。**另外蛋白质可以帮助我们修复合成细胞和肌肉的物质，**提升肌肉量能让减肥更高效。**蛋白质摄入不足的减肥行为，**很可能使人损失身上的肌肉，**而肥肉依然顽固。另外富含蛋白质的食物饱腹感比较强，消化比较慢，食物热效应比较强，能间接减少热量摄入。

只要是**低脂肪**的肉类，减肥时就可以放心吃，比如**鸡胸肉、瘦肉、瘦牛肉，以及大多数鱼、虾、蟹、贝类等水产品。**减肥减脂期如果减少主食量，更需要补充富含蛋白质的食物，避免蛋白质摄入不足，**《中国居民膳食指南（2022）》**建议每天摄入畜禽肉40~75克，水产品40~75克，蛋类40~50克，平均每天摄入总量为120~200克。

真相

减肥能不能成功跟吃肉没有必然关系，优先选择低脂肪的肉类。

值得留意的5个知识点

通过击破减肥期的5个谣言，我们把影响减肥效果的三大产能营养素（碳水化合物、脂肪、蛋白质）都梳理了一遍。除此之外，减肥期便当革命，还有这5点值得你留意！

X_口

每天蔬菜一斤、水果半斤，你吃够了吗？

0**1**

4~5碗

蔬菜一天一斤，以绿色蔬菜举例：两手合在一起，一捧约为100克，煮熟后约等于家里常用的米饭碗1小碗，也就是**一天需要吃4~5碗蔬菜**。减肥时控制土豆等淀粉含量高的蔬菜的食用量就可以，吃其他蔬菜没什么禁忌。建议选择多样化，千万不要天天逼自己啃黄瓜、吃番茄。

水果半斤重量举例：1个正常大小的苹果可食用部分约为200克，一天吃1个多一点就可以啦。中等大小的草莓1颗约为20克，一天吃12颗左右就达到半斤了。

250克

蔬菜与水果富含维生素、矿物质和微量元素，减肥期少不了这些营养元素的帮忙。千万不要掉进"减肥=饮食必须寡淡，必须惨绝人寰"的误区。

在设计午餐便当时，我们需要充分考虑蔬菜与水果的量，不足的话记得在一天里的其他餐中补齐（水果可以跟正餐便当一起吃，也可以当加餐）。

X_口

饿了就忍着……不不不，没必要。

0**2**

不要考验你的忍耐力和抗饿能力，精神上过得去，肠胃也会跟你过不去。

除了在设计便当时选择一些饱腹感更强的杂粮等，觉得饿的时候，可以适量进食零食点心。比如**酸奶、牛奶、豆浆、无糖轻食谷物饮品、水果、水煮花生、玉米、烤红薯、无糖非油炸水果干、少量海苔、少量坚果等**。尽量选择少添加剂、防腐剂、增味剂的零食小点心。

吃太快容易胖！
吃饭时的 520 原则

03

吃饭太快不利于食物消化，也很容易令人变胖！吃饭时，我们的口腔和胃会消化一些小分子，可以控制我们的食欲。吃太快了，等觉得饱的时候，你吃的量已经太多了。另外吃得快、嚼得少，即使是吃同样分量的食物，人也会更容易觉得饥饿，更容易激发你去寻找食物或者在下一顿吃得更多，这样就更容易胖了，也更容易影响餐后血糖上升速度，不利于减肥和糖尿病的控制等。

每次吃饭前深呼吸5次，每一口饭嚼20次再下咽。一口嚼20次做得到吗？做不到就先嚼10次！吃饭速度减慢，减重效果更快！吃饭时放下手机，专注、安心享用精心准备的便当吧！

压力让你胖得更快！

04

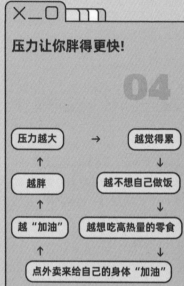

发现了吗？这是个循环。无论是生活、工作中的压力，还是减肥过程中的压力，都需要得到有效的缓解，我们才能破除这个魔咒。而缓解压力的有效方法就是，发现并直面压力（成功了一半），设定一个容易达成的小目标，从一个个小习惯开始改变，并且激励自己做出一点小改变，不要强迫自己。

慢慢来，比较快！

05

我们追求营养、健康，讲究吃喝，并不是要禁欲。任何事情只要无法坚持，就没有意义。

爱吃重口味的食品，没关系，逐渐控制次数、数量，逐渐改善。长时间的健康饮食，可以让我们即使短时间内放纵也不会给身体带来额外的负担。

健康也是一种习惯，所谓"易瘦体质"无非是一个个小小的健康习惯养成的，好身体是一辈子的追求与践行的结果，不要着急，慢慢来吧。

愉快地开始
减肥期灵魂便当之旅吧！

巴沙鱼荞麦面便当

准备时间： 10分钟
烹饪时间： 25分钟

参考热量	A盒	B盒	436 kcal
	261kcal	175kcal	

🍴 食材·A盒

A1 **和风荞麦面** 荞麦面 50克　毛豆 50克　圣女果 30克
熟白芝麻 1克　日式和风油醋汁 15克　橄榄油 2克

🍴 食材·B盒

B1 **香煎巴沙鱼** 巴沙鱼 70克　橄榄油 3克
蒜香胡椒海盐混合调料 适量

B2 **水煮芦笋** 芦笋 100克　植物油 1克　盐 0.5克

B3 **水果** 奇异果 120克

飘飘建议

① 对于喜欢吃面条的人来说，荞麦面是很好的选择。相比于普通的小麦挂面，荞麦面能改善餐后的血糖反应，使人有更强的饱腹感，营养价值也更高。

② 巴沙鱼鱼肉软嫩，煎的时候不要太频繁翻面，防止鱼肉散开。

📋 步骤

A盒

A1　和风荞麦面

❶ 水烧开后放入橄榄油、荞麦面、毛豆，用筷子搅动面条，防止粘连。

❷ 大火煮3分钟后转中火再煮2分钟，煮到自己喜欢的口感即可捞出，放入凉开水中快速降温，滤干水分装盒。

❸ 放入切瓣的圣女果，撒上熟白芝麻，放入酱汁盒，享用前再淋上油醋汁，拌匀。

B盒

B1　香煎巴沙鱼

❶ 巴沙鱼用厨房纸吸干水分，双面抹上蒜香胡椒海盐混合调料腌制15分钟。

❷ 平底锅放入橄榄油，烧热后放入巴沙鱼煎2分钟，翻面再煎2分钟，中途可以加少许水，开盖煮。

❸ 收汁后再次研磨上少许蒜香胡椒海盐混合调料，即可盛出备用。

B2　水煮芦笋

❶ 水烧开后放入植物油和盐，放入芦笋焯烫3分钟后捞起滤干水分。将巴沙鱼、芦笋、切片奇异果装盒即可。

A1

大火3分钟
中火2分钟

凉水降温，捞出

B1

蒜香胡椒海盐
腌制15分钟

中途可加少许水

煎2分钟-翻面-再煎2分钟

B2

焯烫3分钟

* 处理芦笋可参考第177页

海鲜魔芋面便当

准备时间： 5分钟
烹饪时间： 25分钟

参考热量	A盒	B盒	290 kcal
	169kcal	121kcal	

✕ 食材·A盒

A1 海鲜魔芋面 **魔芋结** 90克 **虾仁** 60克 **蛤蜊** 90克

鱿鱼花 100克 **洋葱** 25克 **香菜** 5克 **小米辣** 1克

日式和风油醋汁 15克

✕ 食材·B盒

B1 蔬菜条中式沙拉 **南瓜** 150克 **玉米笋** 60克

黄瓜 70克 **圣女果** 30克 **芝麻沙拉酱** 30克

圄 步骤

A盒

A1 海鲜魔芋面

❶ 魔芋结解开，清洗干净后放入沸水中，焯水3分钟，捞出沥干水分。

❷ 同一锅沸水中依次放入蛤蜊、虾仁和鱿鱼花，烫熟捞出过凉水（参考焯烫时间：蛤蜊3分钟，虾仁2分钟，鱿鱼花1分钟）。

❸ 洋葱切丝，香菜切段，小米辣切圈，将所有食材放入大碗中，倒入日式和风油醋汁拌匀装盒。

B盒

B1 蔬菜条中式沙拉

❶ 锅里放冷水，南瓜切成条，放蒸盘上用大火蒸12分钟。

❷ 玉米笋整根焯水2分钟。

❸ 黄瓜切成条，将3种蔬菜和圣女果一起装盒，搭配芝麻沙拉酱即可。

A盒

焯烫3分钟，捞出

1分钟　2分钟　3分钟

煮完过凉水

加入油醋汁，搅拌均匀

B盒

食材切条

南瓜条大火蒸12分钟

玉米笋整根焯水2分钟

搭配芝麻沙拉酱

飘飘建议

❶ 魔芋热量很低，遇水膨胀后可以占据我们的胃部空间，饱腹感比较强，可以代替一部分主食。

❷ 即使是减肥减脂期，也要摄入丰富的食物哦，这样才能为我们提供身体所需的种种营养。这道便当里除了调味品，天然食材种类大于10种，有蛋白质代表（海鲜类）也有碳水代表（南瓜），还有丰富多样的蔬菜，是减脂减肥期的优秀选择。

127

香煎牛排主食沙拉便当

参考热量	A盒	B盒	385 kcal
	202kcal	183kcal	

A1 香煎牛排　**牛排** 60克　**橄榄油** 5克　**黑胡椒酱** 5克　**优雅生菜** 20克
苦菊 5克　**黑胡椒海盐** 适量

A2 青豆花菜饭　**花菜** 90克　**青豆仁** 30克　**红彩椒** 20克　**橄榄油** 3克　**黑胡椒海盐** 适量

食材·B盒

B1 土豆蔬果沙拉　**土豆** 90克　**鹌鹑蛋** 3颗35克　**西柚** 45克　**红叶生菜** 30克
优雅生菜 20克　**苦菊** 15克　**樱桃萝卜** 10克　**洋葱** 6克　**法式蜂蜜油醋汁** 30克

步骤

A1

A盒

A1 **香煎牛排**

① 牛排室温解冻，擦干表面水分，两面放适量黑胡椒海盐，腌制15分钟。

② 平底锅充分烧热，倒入橄榄油，放入牛排煎1分钟后翻面，再煎30秒，关火盛出，静置醒肉5分钟，均匀切分。

③ 煎牛排的锅里倒入黑胡椒酱和5毫升水，加热至冒泡即可盛出。盒中铺一层生菜，放入牛排和黑椒汁、苦菊。

A2 **青豆花菜饭**

① 花菜切碎，红彩椒切丁，油热后放入花菜碎，翻炒2分钟。

② 加入永烫过水的青豆仁继续翻炒，快起锅时加入红彩椒丁，研磨适量黑胡椒海盐调味。

黑胡椒海盐

腌制15分钟

煎1分钟

翻面煎30秒

静置醒肉5分钟

水

黑胡椒酱

加热至冒泡盛出

A2

花菜切碎

红彩椒切丁

黑椒汁

铺一层生菜，放入食材

B盒

B1　土豆蔬果沙拉

① 锅里放冷水，土豆去皮切块放蒸盘上，大火蒸10分钟左右至熟软。

② 鹌鹑蛋放入沸水中煮3分钟，捞出过凉水，剥壳对半切。

③ 洋葱切丝，樱桃萝卜切片，苦菊掰成丝状，西柚去皮取大瓣果肉。

④ 盒中铺一层混合生菜，其余食材装盒即可，享用时淋上法式蜂蜜油醋汁。

装盒示意图

青豆花菜饭

香煎牛排

土豆蔬果沙拉

B1

 土豆去皮切块

 大火蒸10分钟至熟软

 鹌鹑蛋 放入沸水中煮3分钟

 过凉水，去壳，对半切

 装盒

 飘飘建议

"花菜饭"其实并没有谷物主食，因为长得像米饭又热量不高，这些年逐渐在"减肥界"占据了一席之地。即使在减肥期，碳水、蛋白质、优质脂肪全部不能少，在搭配便当时，我在沙拉里面加入了蒸熟的土豆，提供碳水，供给能量。

高蛋白♡

茄汁三文鱼意面便当

参考热量	A盒	B盒	493 kcal
	361kcal	132kcal	

A1 **茄汁三文鱼意面** 意面 60克 **三文鱼** 50克 **圣女果** 50克 **蟹味菇** 30克 **洋葱** 10克

橄榄油6克（煎鱼用 3克，炒意面用 3克） **意式番茄酱** 40克 **欧芹碎** 适量

黑胡椒海盐 适量 **盐** 适量 **煮意面剩余汤汁** 1小碗

B1 **干煎口蘑** 口蘑 65克 **橄榄油** 3克 **黑胡椒海盐** 适量

B2 **白灼芥兰苗** 芥兰苗 80克 **橄榄油** 1克 **盐** 适量

B3 **水果** 橙子 120克

📋 **步骤**

A盒

A1 **茄汁三文鱼意面**

1. 煎三文鱼薄片：平底锅放橄榄油，烧热后放入三文鱼薄片，研磨撒上黑胡椒海盐，双面各煎40秒。

2. 1升水烧开后放入少许盐，放入意面煮7分钟，捞起滤干水分。

3. 平底锅加入橄榄油，放入洋葱、切开的圣女果、蟹味菇，翻炒2分钟至变软。

4. 加入意面、意式番茄酱、一小碗煮面汤汁，研磨适量黑胡椒海盐，用力搅拌均匀至酱汁呈现乳化状态，盛入便当盒；放上煎好的三文鱼片，淋上锅里剩余的酱汁，撒上欧芹点缀。

A1

橄榄油烧热

每面各煎40秒

7分钟

1升水烧开 加盐

意面汤汁

洋葱+圣女果+蟹味菇

翻炒2分钟至变软

意面汤汁

意式番茄酱

用力搅拌至酱汁呈乳化状态

B盒

B1 干煎口蘑

❶ 口蘑洗净去蒂，平底锅放橄榄油烧热，放入口蘑，口朝下用中火煎4分钟，煎的过程中放黑胡椒海盐。出锅前最后一次翻面时让口蘑顶端朝下，这样底部的小孔里会蓄满鲜甜汁水。

B2 白灼芥兰苗

❶ 水烧开放入橄榄油和盐，放入芥兰苗焯烫2分钟即可，跟水果一起装盒。

装盒示意图

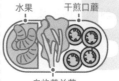

茄汁三文鱼意面

水果　干煎口蘑

白灼芥兰苗

B1

口蘑洗净去蒂

黑胡椒海盐

中火煎4分钟

让口蘑顶端朝下

鲜甜汁水

飘飘建议

三文鱼生鱼片不是切一切就可以直接食用的，如果准备生食，请留意购买途径和鱼肉新鲜程度、保存温度。比如，美国要求三文鱼必须在零下20℃保存168个小时或零下35℃保存15个小时才可食用。由于环境温度容易变化，将三文鱼煮熟了吃更安全。

134

×＿○ 茄汁三文鱼意面

好吃！

×＿○ 干煎口蘑

鲜甜的汁水

蜜瓜火腿吐司条便当

准备时间： 10分钟
烹饪时间： 15分钟

参考 热量	A盒	B盒	475 kcal
	224kcal	251kcal	

A1 豆泥与火腿 西班牙火腿片 40克 **哈密瓜** 110克

鹰嘴豆泥（即食鹰嘴豆 50克 柠檬汁 10克 橄榄油 1克 黑胡椒海盐 适量）

⚔ 食材·B盒

B1 油煎抱子甘蓝 抱子甘蓝 140克 **橄榄油** 2克 **黑胡椒海盐** 适量

B2 蔬果 黄桃 40克 蓝莓 30克 **优雅生菜** 15克 **吐司** 50克

🍱 步骤

A盒

A1 豆泥与火腿

① 将食材放入搅拌机，搅拌成泥状，可以按自己口味增减柠檬汁。

② 蜜瓜去皮切块，与鹰嘴豆泥、西班牙火腿片一起装盒。

B盒

B1 油煎抱子甘蓝

① 水烧开后放入抱子甘蓝焯烫2分钟，捞起滤干水分。

② 平底锅放橄榄油，将抱子甘蓝煎出香气，研磨黑胡椒海盐调味。

B2 蔬果

① 吐司去边，放平底锅双面各烘烤1分钟，切条，与水果一起装盒即可。

② 享用时可以用蜜瓜搭配生火腿，吐司、抱子甘蓝搭配鹰嘴豆泥享用。

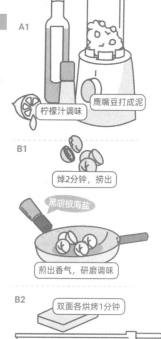

A1

柠檬汁调味　鹰嘴豆打成泥

B1

焯2分钟，捞出

黑胡椒海盐

煎出香气，研磨调味

B2

双面各烘烤1分钟

飘飘建议

① 鹰嘴豆属于杂豆类，可以代替部分主食，同时富含蛋白质，是仅次于大豆蛋白的理想植物蛋白来源。它也具有膳食纤维含量高、低GI（血糖生成指数）的优点，可以帮助我们获得更强的饱腹感。无论有没有减肥减脂的需求，都可以把它加入日常饮食中。这道便当里我用了即食的鹰嘴豆，平时也可以用鹰嘴豆罐头或者用干鹰嘴豆泡发煮熟后做成鹰嘴豆泥。

② 便当里有生火腿，做完便当建议放冰箱冷藏存储，外带时记得带上冰袋！

鸡胸肉年轮卷便当

准备时间： 15分钟
烹饪时间： 30分钟

参考热量	A盒	B盒	466 kcal
	231kcal	235kcal	

A1	鸡胸肉年轮卷	鸡胸肉 120克　香菇 20克　红彩椒 20克　黄彩椒 10克
		黑胡椒酱 10克　腌肉粉 2克
A2	玉米块	玉米 100克

✂食材·B盒

B1	茄汁豆腐	嫩豆腐 120克　圣女果 65克　番茄酱 40克　橄榄油 3克　黑胡椒海盐 适量
B2	水果	龙眼 130克

📋 步骤

A盒

A1　鸡胸肉年轮卷

❶ 鸡胸肉用厨房纸吸干水分，横切但不切断，将鸡肉摊成片状，用刀背敲松，边缘的鸡肉切下两条备用。

❷ 红黄彩椒切条，香菇切片，在鸡胸肉的外侧抹一层腌肉粉，内侧抹一层黑胡椒酱。

❸ 砧板上垫一张保鲜膜，在鸡肉抹了黑胡椒酱的那面放上香菇片、红黄彩椒条和刚才切下来的鸡肉条（鸡肉条放中间），然后慢慢卷成圆柱状，用保鲜膜包裹起来，两头旋紧，再取一张锡纸包裹住鸡肉卷，两头旋紧。

❹ 煮一锅沸水，将鸡肉卷放入水中，盖上锅盖，小火煮15分钟。

❺ 煮好后拆开锡纸和保鲜膜，切成几段。

A1

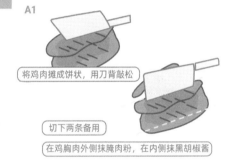

将鸡肉摊成饼状，用刀背敲松

切下两条备用

在鸡胸肉外侧抹腌肉粉，在内侧抹黑胡椒酱

彩椒条加香菇片、鸡肉条

放入食材，卷成圆柱状

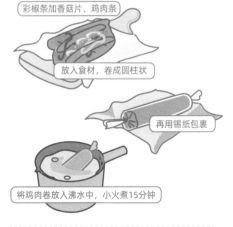

再用锡纸包裹

将鸡肉卷放入沸水中，小火煮15分钟

玉米块

鸡胸肉年轮卷

A2 玉米块

❶ 蒸锅里水烧开，将玉米块放入蒸锅中蒸8分钟。

B盒

B1 茄汁豆腐

❶ 嫩豆腐切成小正方块，圣女果对半切。

❷ 油热后放入豆腐块煎至表面上色，研磨适量黑胡椒海盐调味。

❸ 放入圣女果和番茄酱，小火焖煮6分钟，出锅前研磨少许黑胡椒海盐。

与去壳的龙眼一起装盒。

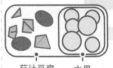

茄汁豆腐　　水果

A2

玉米切段

蒸锅中蒸8分钟

B1

豆腐煎至上色　　番茄酱

黑胡椒海盐

小火焖煮6分钟

飘飘建议

❶ 鸡胸肉年轮卷的食材重量已做换算，通常一块鸡大胸是240克左右，约可做8卷年轮卷，即两份便当。

❷ 腌肉粉在这道食谱里可以让鸡胸肉表面上色以及增加风味。如果没有腌肉粉，可以用甜椒粉或姜黄粉涂抹鸡胸肉，再研磨一些黑胡椒海盐让肉更入味。

❸ 减肥减脂小伙伴们的至爱——鸡胸肉，蛋白质近20%，脂肪只有5%，是禽肉中的优秀代表。在购买时，建议选择品牌包装的鸡胸肉，会比散装鸡胸肉口感好很多。

蛋白质优秀选手

鸡肉蛋卷糙米饭便当

准备时间： 15分钟
烹饪时间： 35分钟
（不含杂粮浸泡时间）

参考热量	A盒	B盒	645 kcal
	159kcal	486kcal	

| A1 | 烤蔬菜 | **长豆** 100克 **胡萝卜** 100克 **白玉菇** 60克 **洋葱** 70克 **橄榄油** 5克 |

照烧汁 10克 **熟白芝麻** 适量

| B1 | 杂粮饭 | **三色糙米** 30克 **大米** 30克 |
| B2 | 鸡肉蛋卷 | **蛋皮：**鸡蛋 2颗 水淀粉 10克（淀粉 2克 水 8毫升） 橄榄油 2克 |

胡萝卜鸡肉泥：鸡胸肉 100克 胡萝卜 8克 生抽 3克 蚝油 5克 黑胡椒海盐 适量 **生菜** 适量

🗒 步骤

A盒

A1 烤蔬菜

❶ 胡萝卜和长豆分别切长条，洋葱切片。

❷ 烤盘铺上锡纸，淋上少许橄榄油，将所有蔬菜放在烤盘上。

❸ 在蔬菜表面刷一层照烧汁，再淋上少许橄榄油。

❹ 放进预热好上下火190℃的烤箱中层烤20分钟，烤好装盒后撒上熟白芝麻粒。

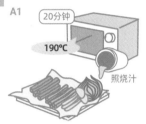

A1

20分钟

190℃

照烧汁

B盒

B1 杂粮饭　糙米与大米洗净，加入120毫升水浸泡60分钟，放电饭煲焖熟。

B2 鸡肉蛋卷

❶ 鸡胸肉、胡萝卜分别剁碎后混合，加入生抽、蚝油和黑胡椒海盐，搅拌均匀备用。

B2

黑胡椒海盐

❷ 鸡蛋打散，加入水淀粉搅拌均匀后过筛一遍。

❸ 热锅倒油，倒入鸡蛋液，中小火煎熟盛出晾凉。

❹ 将胡萝卜鸡肉泥均匀地在蛋皮上铺一层，利用寿司帘或保鲜膜将蛋皮卷成圆柱状。

❺ 蒸锅水烧开，上锅用中火蒸5分钟，取出切段。

❻ 便当盒底铺一层生菜，装盒。

煎熟晾干

鸡肉泥均匀铺开

卷起蛋皮

蒸锅中火蒸5分钟

取出切段

制作蛋皮过程

加水淀粉

鸡蛋打散　　搅拌均匀　　过筛一遍

倒入鸡蛋液　　中小火单面煎熟　　完成

装盒示意图

鸡肉蛋卷

烤蔬菜

杂粮饭

飘飘建议

① 用烤箱做的烤蔬菜相比于明火烧烤更加健康，在烤制过程中可以做到少油少盐，能更好地保留营养与味道。除了绿叶蔬菜不适合长时间烤制，根茎类蔬菜、瓜果类、菌菇类都很适合烤制。

② 制作蛋皮的时候记得过一遍筛，这样蛋皮会更加细腻软嫩。煎蛋皮的时候不需要翻面，中小火单面烘熟即可。

X_O

鸡肉蛋卷

哇呜！滑滑嫩嫩！

柠檬酸辣
手撕鸡红豆饭便当

准备时间： 5分钟
烹饪时间： 35分钟
（不含红豆浸泡时间）

参考热量	A盒	B盒	536 kcal
	276kcal	260kcal	

食材·A盒

A1 柠檬酸辣手撕鸡 鸡胸肉 90克 柠檬 1颗 蒜末 8克 熟白芝麻 2克 香菜 8克
小米辣 5克 香油 3克 生抽 10克 白砂糖 3克

A2 水果 红心番石榴 180克

食材·B盒

B1 蒜香黄瓜花 黄瓜花 100克 蒜末 20克 植物油 2克 盐 0.5克

B2 红豆饭 红豆 30克 大米 30克

步骤

A盒

A1 柠檬酸辣手撕鸡

❶ 1升水烧开后放入鸡胸肉，关火加盖等待12分钟，将鸡胸肉焖熟。

❷ 捞出鸡胸肉，用叉子撕成条状。

❸ 调制酱汁：柠檬挤汁，加入蒜末、白芝麻粒、生抽、香油和白砂糖搅拌均匀，再加入香菜和小米椒圈，拌匀后倒入鸡肉中，混合均匀，装盒，放上柠檬片装饰。

B盒

B1 蒜香黄瓜花

❶ 热锅中倒入植物油，油热后放入蒜末煸香，再放入黄瓜花翻炒至变软，出锅前加入少许盐调味即可。

B2 红豆饭

❶ 红豆提前一晚上浸泡，大米洗净，加入红豆、75毫升水焖熟。

A1

用叉子把煮熟的鸡胸肉撕成条状

加入调味食材搅拌

B1

放入蒜末煸香，翻炒至软

飘飘建议

❶ 豆子里含有酶抑制剂，虽然可以控制餐后血糖，但也容易造成消化不良。酶抑制剂溶于水，我们可以将豆子提前一晚上浸泡，烹饪时倒掉泡豆子的水，这样豆子就容易消化了，和精米一起搭配煮饭，可以提高主食中的蛋白质含量。

❷ 鸡胸肉也可以换成等量去皮鸡腿肉，焯烫熟后撕成丝，热量仅相差2kcal；番石榴上可以撒入酸梅粉（如有），别有一番风味。

欧包三明治便当

参考热量	A盒	B盒	575 kcal
	384kcal	191kcal	

A1 **欧包三明治（2个）**   **乡村面包** 4片   **火腿片** 4片   **芝士片** 2片   **番茄** 80克
                        优雅生菜 25克   **蜂蜜芥末酱** 35克

✄ 食材·B盒

B1 **羽衣甘蓝橙子沙拉**   **羽衣甘蓝** 50克   **西芹** 80克   **橙子** 70克   **腰果** 15克
                        橄榄油 1克   **法式蜂蜜油醋汁** 20克

目 步骤

A盒

A1   欧包三明治

① 切片乡村面包放入烤箱，180℃烤3分钟。

② 烤好的面包抹上蜂蜜芥末酱，依次夹入1
   片优雅生菜、2片番茄片、1片芝士片、2
   片火腿片和1片优雅生菜，装盒。

B盒

B1   羽衣甘蓝橙子沙拉

① 羽衣甘蓝去掉杆，取叶子部分，洗净甩干
   水分，放平底锅中用小火烘烤至软化，倒
   入橄榄油拌匀。

② 西芹切段焯水，橙子切片去筋膜。

③ 放上腰果，将食材和油醋汁一起装盒即可。

A盒

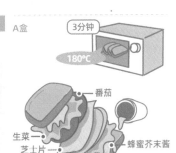

番茄

生菜
芝士片
火腿片

蜂蜜芥末酱

B盒

去掉杆，取用叶子部分，甩干水分

小火烘烤至软化

倒入橄榄油拌匀

装盒

飘飘建议

作为超级蔬菜的网红鼻祖，羽衣甘蓝富含
大量的胡萝卜素、类胡萝卜素和维生素C、
维生素K等，钙的含量也很丰富，还含有叶
酸等。比较常见的吃法是去茎后撕碎加入
沙拉、打成奶昔、烤成脆片等。如果肠胃
消化功能比较弱，或者不喜欢生涩的味道，
可以焯水后食用。

红薯三明治便当

参考热量	A盒	B盒	344 kcal
	275kcal	69kcal	

A1 红薯开放三明治 红薯 130克 鸡蛋 1颗 圣女果 90克 腌制青橄榄 5克 酸黄瓜 20克

蟹柳 35克 橄榄油 2克 黑胡椒海盐 适量 罗马生菜 30克

食材·B盒

B1 桃子沙拉 桃子 65克 黄圣女果 40克 蓝莓 20克 优雅生菜 60克 酸梅粉 3克

步骤

A盒 200℃烤30分钟

A盒

A1 红薯开放三明治

① 红薯切厚片，两面刷油放在烤盘上，盖上锡纸，200℃烤30分钟。

两面刷油

② 40克圣女果切片，青橄榄切片，酸黄瓜切丁，蟹柳用手撕成条。

③ 取出烤好的红薯，用勺子把中心部分压扁，铺上酸黄瓜丁、青橄榄片（留几片装饰用）、圣女果片和蟹柳丝，再打上1颗鸡蛋，放入预热好上火180℃的烤箱中层烤15分钟。

用勺子把红薯中心压扁

④ 取出烤好的红薯三明治，表面放上几片青橄榄，研磨适量黑胡椒海盐，和罗马生菜与50克圣女果一起装盒。

180℃烤15分钟

黑胡椒海盐

B盒

B1 桃子沙拉

① 桃子切片，盒中放入优雅生菜、桃子片、黄圣女果和蓝莓，撒上酸梅粉。

研磨调味

飘飘建议

① 薯类低脂、高钾，富含膳食纤维和果胶，可以促进肠道蠕动，维生素C含量也比谷类食物高，同时还是β胡萝卜素的良好来源，可以用它来替代一部分主食。红薯的蛋白质含量低于大米和白面，用它完全代替主食，建议额外增加1颗鸡蛋或者适量增加肉类、大豆类的摄入。

① 桃子沙拉里加了酸梅粉调味。酸梅粉酸酸甜甜，可以为其他蔬菜水果增加鲜甜风味，享用时也可以根据喜好再搭配沙拉汁。

如何把中餐
做成无负担轻食

问题

为什么我的饮食结构很合理，米饭肉菜都有，不吃肥肉，每餐的量也有所控制，但还是胖得一发不可收拾？

飘飘说：

《中国居民膳食指南（2022）》指出，油盐摄入过多是我国居民肥胖和慢性病发生的重要影响因素。

检查下你的饮食是不是这样：

A	B	C
太油了	太咸了	太精了

太油了

小心烹饪时的隐形脂肪!

"油多不坏菜",为了追求口感,炒菜时在不知不觉中倒了太多油,从而摄入过多脂肪。

● 可以这样做 ●　　我们提到过烹饪用油建议一天25~30克(也就是家用陶瓷汤勺的2~3勺),建议通过这么做建立对烹饪油量的感知。

01
建立对油量的感知

准备一个电子称,称一下烹饪一道菜时你用的油量,再称一下3克油、5克油分别是多少,建立对油量的感知。

准备一个有刻度的油壶,每天将需要的油量倒进去,限制自己在建议范围内使用(尤其适合每次需要烹饪一家人的饭菜的情况)。

154

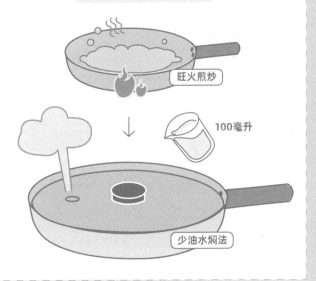

① 少油水焖法代替旺火煎炒

旺火煎炒

↓

100毫升

少油水焖法

需要用旺火煎炒的菜改为用少量水（100毫升左右），煮开后加入1小勺植物油，放入食材焖煮熟后再按喜好调味。和旺火煎炒相比，这种方法既省油又不易产生致癌物。

❷ 白灼焯烫、清蒸代替旺火煎炒炸

麻辣香锅

白灼焯烫

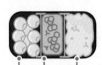

龙眼 豌豆 绿豆薏仁饭

清蒸

需要提醒的是，传统中餐经常在焯烫或清蒸后浇上一层厚厚的热油，那就得不偿失了，可以选择淋少许油或者不淋油，通过一些低脂肪的调味汁来调味。

也可以将食材先焯烫熟再进行少油煎炒，减少用油量，如 **麻辣香锅绿豆薏仁饭便当**，传统的做法是将所有食材油炸一遍再煎炒，调整做法后用油量直线下降，更健康。

空气炸锅

❸ 烤箱、空气炸锅代替煎炒油炸

烤箱、空气炸锅是个"真香"的存在，可以在烹饪中减少用油量。尤其是空气炸锅，可以通过少油甚至不放油来得到大家喜欢的酥脆口感。

❹ 利用食物中已有的油脂

比如食谱 无油干煎鸡排紫薯饭便当 里的煎鸡排，不放一滴油，把鸡腿里的油脂逼出来的同时享受鸡腿嫩滑的口感，一举两得！同理，如果割舍不下五花肉，也可以做无油煎五花肉，同样好吃到令人尖叫（饱和脂肪酸含量还是比较高，克制，克制）！

无油干煎鸡排紫薯饭

总之，吃高脂肪肉的时候，争取不额外加油，做不到雪中送炭，至少不要雪上加霜。哈哈哈。

无油干煎

太咸了

毫无疑问，吃太多盐不利于我们保持身材。因为咸味会让我们食欲大增，不知不觉中就想多吃一点。另外，吃太多盐会导致水潴留，使体重上升。

我们的味觉习惯是逐渐养成的，需要自觉并且不断地强化健康观念，先意识到重口味带来的健康隐患，然后落实到日常饮食中，享受食材的天然味道，培养有益健康的清淡口味。

• 可以这样做 •

01 学习量化

使用限盐勺等，逐渐减少用量。

02 增醋减糖

醋可代替盐对味蕾的刺激

谨慎 白糖

醋的风味可以使菜肴变得鲜香，代替盐对味蕾的刺激，让咸味更明显。加入糖则恰恰相反，会让咸味品尝起来更淡，所以甜味的菜肴更容易让人默默摄入过多的盐。做一些糖醋型的菜时，不能仅靠品尝来判断盐是否过量。同理，也可以在烹调时多使用辣椒、花椒、八角、葱、姜、蒜等天然调味料，既满足口味需求，又减少盐的使用量。

03 起锅放盐

等到快出锅的时候放盐，可以保持在同等咸度的情况下，减少盐食用量。如果比较早放盐，咸味已经渗透到食物内部，就会因为外部品尝起来不够咸而多放一些盐。

04 减少味精等增鲜剂食用量

味精的钠含量相当于盐的1/3，鸡精的相当于盐的1/2，如果要放这些增鲜的调味料，就需要酌情减少盐，否则会间接摄入过多的钠。同理，我们在计算用盐量的时候，酱油、鱼露、复合调味料、食材（特别是一些高盐腌制食材）中的钠含量都是需要一起考虑的。《中国居民膳食指南（2022）》建议的盐食用量限制在每天6克以内，包含了这些食物的钠含量。

05 选择低钠盐

患高血压的人选择高钾低钠盐，是很直接的控盐手段！

另外，在进行餐品搭配时，如果其中一道菜含比较多的盐，那其他的菜肴就要酌情少放或不放盐。事实上，不是所有餐品都需要放盐，尝试享受食物天然的味道吧，逐渐减少对盐的依赖。

精粮太多，粗粮太少

《中国居民营养与健康状况调查系列报告》数据显示，我国成年人膳食中全谷物的平均摄入量为14.25克，远低于最低推荐摄入量50克。在谷类食物中，大米、面粉的消费量最高，约占90%以上。

谷薯杂豆类是碳水化合物、蛋白质、B族维生素和部分矿物质的良好来源，要把中餐便当做得更健康，势必要增加谷薯杂豆类在便当中的比重。

• 可以这样做 •

粗细结合，在每天的主食中融入一定比例的全谷物、薯类、杂豆类。可以循序渐进，比如一开始25%，等到消化道适应了，慢慢增加到一半白米面、一半谷薯杂豆类。

在这个主题的便当里，在主食部分，我们融入了三色糙米、红米、小米、黑米、藜麦、燕麦、绿豆、薏仁、红豆、紫薯、玉米、红薯，超丰富！

另外，中餐里面有很多淀粉含量高的蔬菜菜肴，如**红烧土豆**、**红烧芋头**、**板栗烧肉**等，吃这类淀粉含量高的菜肴时，**要减少主食分量、烹饪油使用量**等，防止热量摄入过多，甚至可以把这类菜肴当作主食，而不是一道菜。

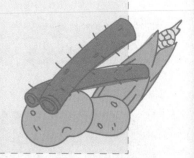

每个章节都在呼吁往主食里融入谷薯杂豆类，可见这点真的需要引起你的注意！

控油！控盐！控精粮！

中餐灵魂便当也可以做成无负担轻食。

小土豆红烧牛腩
杂粮便当

准备时间：10分钟
烹饪时间：50分钟
（不含杂粮浸泡时间）

参考热量	A盒	B盒	730 kcal
	442kcal	288kcal	

✗ 食材·A盒

A1 **小土豆红烧牛腩** **牛腩** 100克 **小土豆** 40克 **生姜** 10克

蒜头 8克 **大葱** 10克 **料酒** 10克 **植物油** 3克 **豆瓣酱** 15克

冰糖 5克 **生抽** 5克 **老抽** 5克 **八角** 2克 **桂皮** 2克 **干辣椒** 2克

A2 **素炒茭白** **茭白** 50克 **红尖椒** 20克 **青尖椒** 15克

橄榄油 1克 **黑胡椒海盐** 适量

✗ 食材·B盒

B1 **糙米饭** **三色糙米** 30克 **大米** 30克

B2 **蒸日本豆腐** **日本豆腐** 90克 **蚝油** 5克 **生抽** 5克

玉米淀粉 2克

B3 **水果** **车厘子** 100克

加入料酒和姜片，冷水焯水8分钟

牛腩切成适中的块状

小土豆削皮切半

🗏 步骤

A盒

A1　小土豆红烧牛腩

❶ 牛腩放入冷水中，加入料酒和一半的姜片，焯水8分钟，取出清洗干净后切成适中的块状，小土豆削皮切半。

❷ 铸铁锅加入油，油热后放入姜片、蒜头和大葱煸香，再放入牛腩块、小土豆、八角、桂皮和干辣椒翻炒片刻，最后放入豆瓣酱、生抽、老抽、冰糖和没过食材的水。

❸ 大火烧开后转小火，加盖焖煮30分钟左右，至牛腩能用筷子轻易戳入即可。

姜片、蒜头、大葱，煸香

再放入牛腩块、小土豆、八角、桂皮和干辣椒，翻炒

加入酱汁和水
先大火烧开，后小火焖煮30分钟

A2　素炒茭白

❶ 茭白、红尖椒和青尖椒分别切丝。

❷ 热锅倒油，放入茭白丝炒软，再放入青红椒丝翻炒1分钟，出锅前放适量黑胡椒海盐调味即可。

A2
黑胡椒海盐
热锅倒油，放入食材炒软

B1 糙米饭

❶ 糙米与大米洗净加入120毫升水，浸泡60分钟，放电饭煲焖熟。

B2 蒸日本豆腐

❶ 将日本豆腐切成约1厘米的厚片，码好放入盘中，上锅隔水蒸10分钟。

❷ 调制酱汁：将蚝油、生抽、玉米淀粉和25毫升水搅拌均匀，倒入锅中，先大火煮开再调小火，熬煮至酱汁变得浓稠后关火。

❸ 将日本豆腐装盒后淋入酱汁。

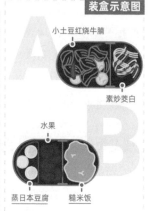

装盒示意图

小土豆红烧牛腩

素炒茭白

水果

蒸日本豆腐　糙米饭

B2

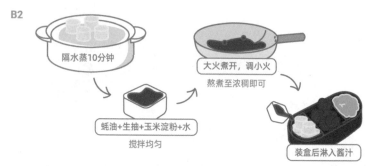

隔水蒸10分钟

大火煮开，调小火

熬煮至浓稠即可

蚝油+生抽+玉米淀粉+水

搅拌均匀

装盒后淋入酱汁

飘飘建议

❶ 一项中国台湾的调查研究*发现，多吃牛肉和谷物主食的人，不容易患上重度抑郁症。让我们大口吃肉、大口吃杂粮饭吧！

❷ 红烧牛腩所需烹饪时间比较长，可以多炖一些，用密封袋或者保鲜盒封装起来放冰箱冷冻存储，每次食用前用微波炉解冻超方便。

❸ 饭量较小的女生食用建议适当减量1/4。

* Tzu-Ting Chen, Chia-Yen Chen, Chiu-Ping Fang, Ying-Chih Cheng, Yen-Feng Lin.Causal influence of dietary habits on the risk of major depressive disorder: A diet-wide Mendelian randomization analysis [J]. Journal of Affective Disorders,2022.

食欲倍增

黑椒肋排杂粮便当

🍴 食材·A盒

A1 凉拌腐竹　**鲜腐竹** 50克　**黄瓜** 90克　**鲜木耳** 30克

香菜 10克　**大蒜** 10克　**生姜** 6克　**小米椒** 2克　**蚝油** 6克

生抽 8克　**米醋** 12克　**白砂糖** 2克　**香油** 3克

A2 水果　　油桃 80g

🍴 食材·B盒

B1 黑椒蒸肋排　**猪肋排** 90克　**生菜** 20克

腌料　　**蒜头** 10克　**黑胡椒酱** 6克　**蚝油** 6克　**生抽** 6克

香醋 2克　**白砂糖** 1克　**玉米淀粉** 2克

B2 红米饭　**红米** 30克　**大米** 30克

飘飘建议

1. 肋排好吃但脂肪含量较高（约23%），购买时建议挑选肥膘少一点的，烹饪时首选无须额外用油的烹饪方式，如蒸、煮、烤。

2. 干腐竹脂肪含量也比较高（约23%），但是泡发后是7.6%，而且脂肪类型较健康，蛋白质含量也很高（17.2%），是很棒的蛋白质来源，可以放心吃！

📋 步骤

A盒

A1 凉拌腐竹

1. 鲜腐竹和鲜木耳洗净，焯水备用。

2. 黄瓜切丝，香菜切段，大蒜和生姜切碎，小米椒切圈。

3. 蚝油、生抽、米醋、白砂糖和香油混合均匀，将鲜腐竹、鲜木耳、黄瓜丝、香菜段、大蒜碎、生姜碎和小米椒圈放入碗中，倒入混合调料搅拌均匀。

   和切好的油桃一起装盒。

B盒

B1 黑椒蒸肋排

1. 猪肋排洗净切块，加入腌料食材混合均匀，用手按摩肋排片刻，让腌料充分包裹肋排，冷藏腌制2小时或隔夜。

2. 腌制好的肋排装盘，表面包一层保鲜膜，保鲜膜上用牙签扎一些小孔。

3. 蒸锅水烧开，放入肋排蒸20分钟。生菜铺在便当盒里，装盒。

B2 红米和大米洗净，加入120毫升水浸泡60分钟，用电饭煲焖熟。

A1

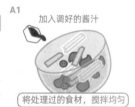

加入调好的酱汁

将处理过的食材，搅拌均匀

B1

冷藏腌制　⏲ 2小时

隔水蒸20分钟

表面包一层保鲜膜

生菜铺在便当盒里，装盒

鱼香肉丝炒饭便当

参考热量	A盒	B盒	633 kcal
	222kcal	411kcal	

✗ 食材·A盒

A1 **鱼香肉丝** 瘦肉 60克 **腌肉调料：** 料酒 3克 黑胡椒海盐 适量 玉米淀粉 1.5克

鲜木耳 30克 **胡萝卜** 30克 **青椒** 20克 **蒜头** 8克 **豆瓣酱** 6克 **生抽** 5克 **白砂糖** 1.5克

香醋 5克 **水淀粉** 5克（淀粉 1克 水 4毫升）**植物油** 4克

A2 **白灼鹤斗苗** 鹤斗苗 110克 **蒜头** 2克 **小米辣** 1克 **生抽** 5克 **植物油** 2克 **盐** 适量

✗ 食材·B盒

B1 **蛋炒饭** 大米 50克 **小米** 15克 **鸡蛋** 1颗 **葱花** 3克 **生抽** 7克 **植物油** 3克

B2 **水果** 青提 120克

▦ 步骤

A盒

A1 鱼香肉丝

❶ 瘦肉切丝，放入腌肉调料搅拌均匀，腌制20分钟，木耳切小片，青椒和胡萝卜分别切丝。

❷ 将豆瓣酱、生抽、白砂糖、香醋和水淀粉混合均匀备用。

❸ 热锅倒入2克植物油，油热后放入腌制好的瘦肉丝，翻炒至肉断生即可盛出；另起一锅，倒入2克植物油，油热后放入蒜头爆香，然后放入胡萝卜丝翻炒至软，再加入木耳翻炒片刻；将瘦肉丝回锅，混合调料搅拌后倒入锅中翻炒均匀，放入青椒丝翻炒均匀即可盛出。

A2 白灼鹤斗苗

❶ 鹤斗苗洗净，放入加了油、盐的沸水中焯烫2分钟后捞出。

❷ 蒜头切片，小米辣切圈，铺在鹤斗苗表面，淋上生抽，植物油加热至微微冒烟后浇在蒜头和小米辣上。

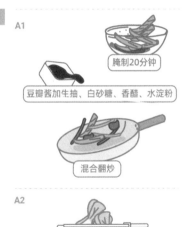

A1

腌制20分钟

豆瓣酱加生抽、白砂糖、香醋、水淀粉

混合翻炒

A2

加油、盐
焯2分钟

热油浇至表面

B盒

B1 蛋炒饭

1. 大米和小米洗净后混合，加入85毫升水，放入电饭煲煮熟，盛出晾凉。

2. 鸡蛋打散成蛋液，热锅倒入植物油，放入蛋液炒至凝固后用锅铲铲成小块，放入米饭翻炒均匀。

3. 锅边淋入生抽继续翻炒，出锅前撒上葱花。

   和青提一起装入便当盒。

白灼鹤斗苗　　鱼香肉丝

水果　　蛋炒饭

飘飘建议

1. 在控油阶段，可以将鹤斗苗的泼油步骤改为淋20克低脂肪的油醋汁，同时生抽可以不放。

2. 油是人体必需脂肪酸和维生素E的重要来源，有助于对食物中脂溶性维生素A、D、E、K的吸收利用，适量用烹调油是可以的，吃太多油才会给身体带来伤害。建议健康成年人每天烹调油摄入量不超过25克。

菠萝咕咾肉黑米饭便当

准备时间： 10分钟
烹饪时间： 35分钟
（不含杂粮浸泡时间）

参考热量	A盒	B盒	647 kcal
	435kcal	212kcal	

A1 **菠萝咕咾肉** **猪里脊** 80克 **菠萝** 70克 **青椒** 20克
红彩椒 15克 **植物油** 5克

腌肉调料： 黑胡椒海盐 2克 玉米淀粉 5克
酸甜汁： 番茄酱 20克 米醋 10克 生抽 8克 白砂糖 3克

A2 **黑米饭** **黑米** 30克 **大米** 30克

🍴 食材·B盒

B1 **蒜苔炒香干** **蒜苔** 60克 **香干** 70克 **生抽** 5克
植物油 2克

B2 **水果** **木瓜** 160克

飘飘建议

❶ 享用时需要加热的话，可以先吃掉木瓜再进行加热，也可以将木瓜和菜一起加热（木瓜加热后口感也不错）。另外，木瓜也可以作为两餐之间的补充，不一定整份便当非要同时吃完。

❷ 水果是否加热吃看个人喜好，对于消化能力比较弱的人来说是个不错的方法，虽然会损失一些维生素C，但是一些抗氧化成分经过加热反而释放得更多。

📖 **步骤**

A盒

A1 **菠萝咕咾肉**

❶ 猪里脊切小块，加入腌肉调料腌制15分钟，菠萝切块，青红彩椒切小块备用。

❷ 热锅下油，油热后放入里脊肉块煎至表面微焦，盛出沥油，再放入青红彩椒翻炒至断生盛出。

❸ 酸甜汁搅拌均匀，加入少许水调节浓稠度，倒入锅中加热至沸腾，将里脊肉和彩椒倒回锅翻炒，再加入菠萝块翻炒片刻，食材均匀裹上酸甜汁即可出锅。

A2 **黑米饭**

❶ 黑米和大米洗净，加入120毫升水浸泡60分钟，放电饭煲焖熟。

B盒

B1 **蒜苔炒香干**

❶ 蒜苔切小段，香干切成条状。

❷ 热锅倒油，油热后放入香干翻炒出香味，再放入蒜苔翻炒2~3分钟，加入生抽调味即可。

A1

加入腌肉调料，腌制15分钟

里脊肉煎至表面微焦

再放入青红彩椒翻炒至断生
盛出备用

酸甜汁食材加水调节浓稠
放入食材翻炒，裹上酸甜汁

茄汁大虾藜麦饭便当

准备时间： 10分钟
烹饪时间： 35分钟

参考热量	A盒	B盒	492 kcal
	166kcal	326kcal	

✂ 食材·A盒

A1 **茄汁大虾** 黑虎虾仁 80克 **魔芋结** 70克 **番茄** 180克 **白玉菇** 40克 **蒜末** 10克

番茄酱 30克 **水淀粉**（淀粉2克、水20毫升）**橄榄油** 4克 **黑胡椒海盐** 适量

✂ 食材·B盒

B1 **豆角炒茄子** 茄子 80克 **豆角** 80克 **红尖椒** 20克 **蒜片** 5克 **蚝油** 10克

醋 7克 **橄榄油** 3克 **盐** 3克 **植物油** 5克

B2 **藜麦米饭** 大米 50克 **三色藜麦** 15克

目 步骤

A盒

A1 茄汁大虾

❶ 番茄两端划十字刀，用开水烫30秒后去皮切小块。

❷ 锅里放油，烧热后放入蒜末炒香，放入番茄炒软，加入130毫升水、番茄酱烧开，放入黑虎虾仁、魔芋结、白玉菇烧至沸腾，放入水淀粉勾芡，再次烧开即可，放入黑胡椒海盐调味。

B盒

B1 豆角炒茄子

❶ 茄子切成长条，用醋和盐抓匀腌制20分钟，用水清洗一遍并挤干水分。

❷ 热锅倒油，放入蒜片炒出香味后放入豆角翻炒，洒少许水（70毫升）焖炒约2分钟后放入茄子炒熟，加入红尖椒翻炒至断生，放入蚝油调味即可出锅。

B2 藜麦米饭 ❶ 三色藜麦和大米混合，淘洗后加入75毫升水，放电饭煲焖熟。

A1

番茄去皮切小块

番茄炒软后加水和番茄酱，烧开

放入食材，再次烧开

B1

茄子切成长条

醋加盐

腌制20分钟后挤干水分

飘飘建议

❶ 茄子肉的海绵状结构疏松，比较吸油。除了食谱里的腌制脱水方法，还可以把切好的茄子条放到微波炉里用中火加热3分钟，让茄子失去海绵状结构再炒，就不那么吸油啦！

❷ 因为茄皮里面的花青素容易阻碍身体对铁、锌等微量元素的吸收利用，同时有抗血管增生的作用，对于有贫血缺锌、消化不良症状，以及手术后人群、孕期准妈妈，建议每周吃带皮茄子不要超过3次，或者吃的时候去掉茄子皮。

清蒸比目鱼燕麦饭便当

准备时间： 5分钟

烹饪时间： 35分钟

（不含燕麦浸泡时间）

参考热量	A盒	B盒	604 kcal
	152kcal	452kcal	

飘飘建议

清蒸比目鱼操作简单，不需要额外加入烹调油，鱼肉鲜美，软嫩适中，美味又健康。若不想开火，也可以直接用微波炉操作：芦笋和鱼处理好后盖上保鲜膜，用牙签在保鲜膜上扎几个小孔透气，用中高火加热7分钟即可。

📋 步骤

A盒

A1　清蒸芦笋比目鱼

❶ 芦笋洗净，用刨皮刀削去头部以下的粗质外皮，切去尾部木质化茎部，切成长段。

❷ 比目鱼用厨房纸吸干水分。

❸ 盘子放上芦笋、比目鱼，锅里水烧开，放入盘子，用中大火蒸8分钟即可盛出装盒。

❹ 淋上加热过的蒸鱼豉油，研磨上蒜香胡椒海盐调味，放上葱丝点缀即可。

B盒

B1　蟹柳嫩炒蛋

❶ 鸡蛋加入20毫升水打散均匀备用，蟹柳撕成条状。

❷ 平底锅倒入橄榄油加热，调小火倒入鸡蛋液，待底部凝固后用锅铲推动打散，放入蟹柳炒熟即可，用蒜香胡椒海盐进行调味。

B2　燕麦饭

❶ 燕麦和大米淘洗后加入100毫升水，浸泡60分钟后放电饭煲焖熟。和柑橘、蟹柳嫩炒蛋一起装入便当盒。

A1

芦笋铺在下面，放入比目鱼

B1

蟹柳撕成条状

鸡蛋加冷水搅打均匀

凝固后打散

蒜香胡椒海盐
加入蟹柳炒熟

177

麻辣香锅
绿豆薏仁饭便当

准备时间： 15分钟
烹饪时间： 35分钟
（不含豆类浸泡时间）

参考热量	A盒	B盒	735 kcal
	356kcal	379kcal	

🍴 食材·A盒

A1 麻辣香锅　　明虾 80克　莴笋 50克　玉米 40克　杏鲍菇 40克　花菜 30克　莲藕 30克

豆干 30克　蒜片 10克　姜丝 5克　香菜 1克　熟白芝麻 1克　植物油 5克　麻辣料理酱 25克

🍴 食材·B盒

B1 清炒豌豆米　　豌豆 70克　蒜末 3克　姜末 2克　植物油 2克　鱼露 2克

B2 绿豆薏仁饭　　绿豆 15克　薏仁 15克　大米 30克

B3 水果　　龙眼 130克

📋 步骤

A盒

A1　麻辣香锅

1. 莴笋、玉米、杏鲍菇、花菜切块，莲藕、豆干切片。

2. 水烧开，放入明虾焯烫后捞起滤干水分，接着焯烫玉米、杏鲍菇、花菜、莲藕、莴笋，烫熟后冲洗一遍冷水并滤干水分，让其口感更清爽。

3. 热锅放油，烧热后放入蒜片、姜丝爆香，放入焯烫好的全部食材与豆干进行翻炒，放入麻辣料理酱与120毫升水，翻炒均匀，收干水分装盒，撒上香菜与白芝麻。

A1

蔬菜与豆干切小块

明虾焯烫，滤干水分　蔬菜烫熟过冷水

放入蒜片、姜丝，炒香　麻辣料理酱加120毫升水

B盒

B1 清炒豌豆米

① 热锅倒入植物油，加入蒜末和姜末爆香，放入豌豆翻炒1分钟，加入80毫升水焖炒2分钟后用鱼露调味即可。

B2 绿豆薏仁饭

① 绿豆和薏仁提前一晚上浸泡后滤干水分，加入洗净的大米和150毫升水，放入电饭煲煮熟。

龙眼剥壳，一起装入便当盒。

装盒示意图

麻辣香锅

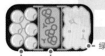

绿豆薏仁饭

水果　清炒豌豆米

B1

蒜末、姜末爆香　｜　放入豌豆翻炒1分钟　｜　加入水焖炒2分钟　再用鱼露调味即可

飘飘建议

① 传统的麻辣香锅油分很多，为了控油，我们用焯烫替代油炸，先将食材焯烫一遍，在翻炒时减少油量。而麻辣香锅中的辣椒素虽然有刺激性，但它有助于消耗热量，反而不会令人发胖。控制好摄入量，重口味也可以吃得很健康。

② 麻辣料理酱可以用郫县豆瓣酱代替，建议舀取时减少红油，这样可以进一步控制脂肪摄入。

麻麻辣辣

金汤酸辣龙利鱼便当

准备时间： 10分钟
烹饪时间： 30分钟
（不含红米浸泡时间）

参考热量	A盒	B盒	469 kcal
	197kcal	272kcal	

✖ 食材·A盒

A1 **金汤酸辣龙利鱼**　　龙利鱼 80克　玉米淀粉 1克　黑胡椒海盐 适量　娃娃菜 90克　小平菇 60克　金针菇 40克　魔芋丝 60克　油豆腐 20克　香菜 适量　柠檬金汤酸辣酱 35克　植物油 2克　盐 1克

✖ 食材·B盒

B1 **红米饭**　　红米 30克　大米 30克

B2 **枸杞儿菜**　　儿菜 120克　蒜头 3克　枸杞 1克　植物油 2克　盐 1克

B3 **水果**　　草莓 65克

▤ 步骤

A盒

A1 金汤酸辣龙利鱼

❶ 龙利鱼切厚片，研磨少许黑胡椒海盐腌制15分钟，撒上玉米淀粉抓匀。

❷ 娃娃菜撕成片状，小平菇撕小朵，油豆腐切小块，500毫升水烧开后加入植物油和盐，放入娃娃菜、小平菇焯烫3分钟捞起，滤干水分，再放入金针菇、魔芋丝、油豆腐焯烫1分钟后捞起备用。

❸ 另起一锅，制作汤底的400毫升水烧开后加入柠檬金汤酸辣酱搅拌均匀，加入龙利鱼，中大火1分钟烫熟，放入步骤②烫好的食材，再次烧开即可关火，撒上少许香菜。

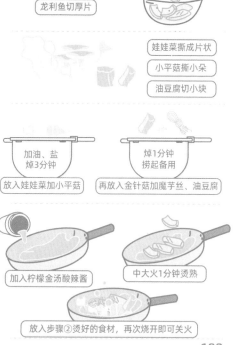

A1

龙利鱼切厚片　　腌制15分钟

娃娃菜撕成片状
小平菇撕小朵
油豆腐切小块

加油、盐
焯3分钟
放入娃娃菜加小平菇

焯1分钟
捞起备用
再放入金针菇加魔芋丝、油豆腐

加入柠檬金汤酸辣酱

中大火1分钟烫熟

放入步骤②烫好的食材，再次烧开即可关火

B盒

B1 红米饭

① 红米和大米洗净，加入120毫升水浸泡60分钟，用电饭煲焖熟。

B2 枸杞儿菜

① 枸杞加少许水泡软，蒜头切片。

② 儿菜切薄片，水烧开后放入儿菜焯烫1分钟捞起（可以跟A盒步骤②同步进行）。

③ 热锅放植物油，放入蒜片炒出香味，加入焯烫好的儿菜和枸杞翻炒，加盐调味，即可出锅。

红米饭、枸杞儿菜、草莓一起装盒。

金汤酸辣龙利鱼

枸杞儿菜　红米饭

水果

飘飘建议

① 为了更好的口感，建议单独打包香菜，便当加热完再撒在热热的汤汁上面，这样既不会因为长时间放置而颜色变黄，风味也更好。

② 将蔬菜和魔芋丝、油豆腐提前焯烫好再放入金汤中，可以让汤底口感更清爽。想节省时间，宁愿牺牲一点口感，也可以省略焯烫的步骤。

酸辣开胃

无油干煎鸡排
紫薯饭便当

准备时间： 10分钟
烹饪时间： 35分钟

参考热量	A盒	B盒	510 kcal
	339kcal	171kcal	

A1 **无油干煎鸡排**　带皮鸡腿 85克　**生姜** 12克　**生菜** 25克　**盐** 1克

A2 **玉米紫薯饭**　紫薯 50克　**玉米** 30克　**大米** 30克

食材·B盒

B1 **干贝香菇烧冬瓜**　冬瓜 200克　**香菇** 50克　**干贝** 15克　**照烧汁** 10克

　　　　　　　　　　植物油 3克　**小葱** 适量

B2 　水果　　　提子 90克

步骤

A盒

A1 **无油干煎鸡排**

❶ 带皮鸡腿去骨，不带皮的一面用刀将鸡腿肉划开几道（避免肉受热后缩在一起），用厨房纸吸干水分，正反面撒上盐腌制15分钟，腌制后用厨房纸再次吸干水分。

❷ 平底锅烧热，放入鸡腿肉，带皮的一面朝下，煎至鸡腿皮呈金黄色翻面。

❸ 另外一面用中大火煎1分钟后转小火，盖上锅盖焖烧4分钟，开锅盖，再转大火，将两面再次煎30秒起锅。

❹ 姜用擦菜器擦成姜蓉装入酱料瓶，便当盒装入生菜，放上煎好的鸡腿肉和姜蓉。

A2 **玉米紫薯饭**

❶ 大米淘洗一遍，紫薯切小块，和玉米粒、大米、100毫升水一起放电饭煲蒸熟。

B盒

B1 **干贝香菇烧冬瓜**

❶ 干贝加水泡发，冬瓜去皮切块，香菇切花。

❷ 热锅倒油，烧热后放入干贝和香菇，煎出香味后放入冬瓜，翻炒1分钟，加入220毫升水、照烧汁，烧至冬瓜软烂即可，撒上葱花。

　和提子一起装盒。

A1

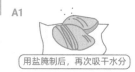
用盐腌制后，再次吸干水分

无油煎至金黄
翻面用中大火煎1分钟
盖锅盖小火焖烧4分钟
开盖大火双面各煎30秒

B1

冬瓜去皮切块
干贝泡发　香菇切花
加入调料，烧至软烂，撒上葱花

187

X_O　　　　　　　　　　　无油干煎鸡排

装盒示意图

无油干煎鸡排 —

玉米紫薯饭

水果　干贝香菇烧冬瓜

脆皮鸡排

飘飘建议

就"吃鸡"而言，鸡腿是兼具营养与口感的好选择。鸡肉本身脂肪较少，而且主要是皮下脂肪，在烹饪时去掉鸡皮下面的黄色脂肪能有效控制脂肪摄入。在做这道无油干煎鸡排时，一滴油不加，逼出鸡腿本身脂肪的同时，也让鸡腿皮变得焦脆香，享用时搭配姜蓉，简直太棒了！

软软糯糯

麻婆豆腐红薯饭便当

准备时间： 10分钟
烹饪时间： 35分钟

参考热量	A盒	B盒	585 kcal
	345kcal	240kcal	

✂ 食材·A盒

A1 麻婆豆腐 嫩豆腐 150克 肉末 60克 豆瓣酱 10克
红尖椒 3克 葱花 少许 生抽 3克 糖 1克 植物油 3克
水淀粉（淀粉3克、水20毫升）

A2 甜豆炒胡萝卜 甜豆 80克 胡萝卜 25克
植物油 2克 鱼露 3克

✂ 食材·B盒

B1 红薯饭 红薯 60克 大米 35克

B2 水果 西瓜 180克 蓝莓 30克

飘飘建议

在便当料理中加入西瓜，建议这么操作：

① 出门前再切西瓜，减少细菌繁殖时间。

② 切西瓜前洗净表皮，手也要洗干净；切水果的刀和砧板与切生肉的要区分开，防止感染致病菌。

③ 做便当剩下的西瓜尽快裹好保鲜膜放冰箱，吃时可以把接触保鲜膜的外层削掉。

🗒 步骤

A盒

A1 麻婆豆腐

① 嫩豆腐切小方块备用。

② 热锅倒油，油热后放入肉末，用中小火炒香，加入豆瓣酱，小火炒出红油，再加入生抽、糖和少许水。

③ 放入豆腐块和红尖椒继续煮2~3分钟，加入水淀粉，烧开后撒上葱花。

A2 甜豆炒胡萝卜

① 甜豆撕去筋膜，胡萝卜切片后改刀成菱形。

② 热锅倒油，放入胡萝卜翻炒1分钟后加入甜豆，继续翻炒3分钟至食材熟透，淋入鱼露调味。

B盒

B1 红薯饭

① 红薯去皮切小块，大米淘洗一遍，加入60毫升水，放电饭煲焖熟即可，趁热装盒。

出门前再放上蓝莓和切好的西瓜片。

A1

嫩豆腐切成小方块

肉末炒香，加入豆瓣酱炒出红油

再加入调料和少许水

放入豆腐块和红尖椒继续煮2~3分钟

加入水淀粉，撒上葱花即可

A2

甜豆撕去筋膜

胡萝卜改刀成菱形

翻炒至熟透，淋入鱼露调味

制作爱心灵魂
便当工具分享

鸡蛋造型工具

鸡蛋切花器

切蛋器（切瓣、切片）

水煮蛋造型模具

特殊造型煎蛋锅

玉子烧锅（厚蛋烧锅）

米饭造型工具

三角饭团

动物饭团

圆球饭团

甜甜圈饭团

保鲜膜

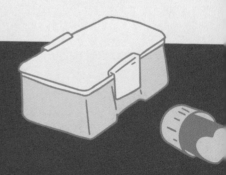

蔬菜水果造型工具

各种按压模具

挖球器

雕花刀

裱花嘴

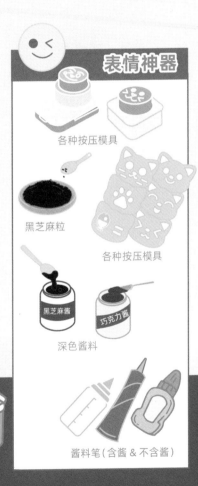

表情神器

各种按压模具

黑芝麻粒

各种按压模具

黑芝麻酱 巧克力酱

深色酱料

酱料笔（含酱 & 不含酱）

有意思的分割片

基础分割片

生菜分割片(可裁剪)

蔬菜分割碗

落叶分割片

卡通分割片

小叉子让便当灵动起来

欢迎!

各种卡通造型的叉子

酱料杯也有很多造型

动物卡通酱料杯

熊猫酱料杯（带小勺）

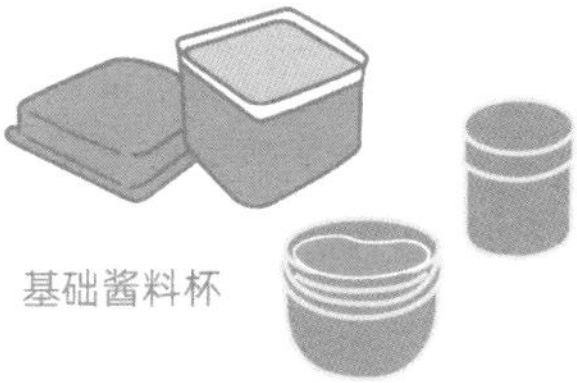

基础酱料杯

你可能还需要

剪刀

小刀

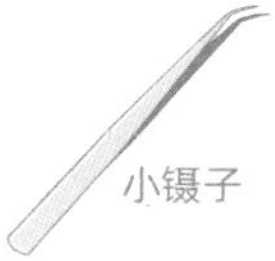

小镊子

吸管

星期三 2022

06:20

充裕的时间

？？

以及……

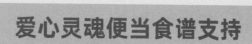

爱心灵魂便当食谱支持

给灵魂加点"可爱"~

开始

萌猫猫鱼鱼便当

萌猫猫饭团	米饭 40克　脸部装饰 海苔　耳朵装饰 火腿肠

胡萝卜炒蛋	胡萝卜 40克　鸡蛋 1颗　蒜片 2克　盐 0.3克　橄榄油 2克 装饰 芝士片 海苔

西蓝花炒虾仁	虾仁 40克　西蓝花 20克　蒜片 2克　盐 0.3克　橄榄油 2克

水果	草莓

📋 步骤

萌猫猫饭团

① 米饭用饭团模具压出萌猫形状，海苔片用表情压花器制作，火腿肠切成片后用裱花嘴取两个小圆片，组装即可。

米饭用饭团模具压出萌猫形状

海苔片用表情压花器制作

火腿肠切成圆片

组装即可

喵~

胡萝卜炒蛋

❶ 胡萝卜用刨刀刨成粗丝，鸡蛋打散成蛋液备用。

❷ 平底锅倒入橄榄油，放入蒜片炒出香味，放入胡萝卜炒软，倒入蛋液，翻炒至熟，加入盐调味即可出锅装盒。

❸ 芝士片用小鱼模具压出形状，海苔片用表情压花器压出小眼睛，装饰在芝士片上。

把胡萝卜刨成粗丝

鸡蛋打散成蛋液备用

放入蒜片，炒香

放入胡萝卜，炒软
倒入蛋液，翻炒至熟

芝士片用小鱼模具压出形状

用海苔装饰眼睛

西蓝花炒虾仁

❶ 西蓝花切小朵，平底锅倒入橄榄油，放入蒜片炒出香味，放入虾仁煎至八成熟（中途可以加水少许帮助煮熟），放入西蓝花炒熟，加入盐调味即可。

西蓝花切小朵

放入蒜片，炒香

中途可加少许水帮忙煮熟

放入虾仁煎至八成熟

放入西蓝花炒熟，加盐调味

水果

❶ 草莓切片，用小鱼模具压出鱼形状，装盒，并摆放两个装饰牙签。

草莓切片

用小鱼模具压出形状

工具示意

萌猫饭团模具

裱花嘴

鸡蛋装饰签

小鱼模具

表情压花器

萌猫猫鱼鱼便当

动物游园会迷你腐皮饭团

参考热量 390kcal

准备时间： 10分钟
烹饪时间： 25分钟
（不含煮米饭时间）

腐皮饭团	油豆腐 3颗45克 番茄酱 12克 米饭 18克（每颗）
	熟蛋黄 3克 生菜 20克
	耳朵与表情装饰 火腿肠 海苔 胡萝卜

| 茄汁白玉菇花菜 | 番茄 40克 花菜 35克 白玉菇 25克 蒜片 3克 番茄酱 5克 |
| | 盐 0.2克 植物油 2克 |

| 混合蔬菜 | |
| 混合蔬菜（玉米粒+胡萝卜粒+青豆）55克 盐 0.5克 植物油 1克 |

| 香肠小章鱼 | |
| 迷你香肠 2个15克 植物油 2克 黑芝麻粒 4颗 | 鹌鹑蛋 3颗 |

🗒 步骤

腐皮饭团

① 油豆腐一面用刀尖划"十"字，做成"小洞"，水烧开后焯烫30秒后取出滤干水分。

② 将米饭放在保鲜膜上，捏起保鲜膜四角，将米饭捏成圆形；其中一颗饭团的米饭混合熟蛋黄，做成黄色饭团。

③ 油豆腐的"小洞"里挤上番茄酱，然后塞入饭团。

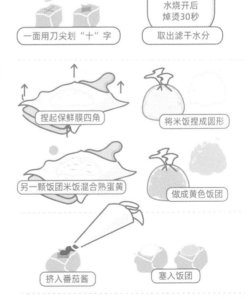

油豆腐

一面用刀尖划"十"字

水烧开后焯烫30秒

取出滤干水分

捏起保鲜膜四角

将米饭捏成圆形

另一颗饭团米饭混合熟蛋黄

做成黄色饭团

挤入番茄酱

塞入饭团

④ 火腿肠、胡萝卜切成薄片，分别用吸管、裱花嘴压出耳朵和腮红的形状，海苔用表情压花器剪出形状，装饰在饭团上即可。

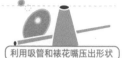

火腿肠、胡萝卜切成薄片

利用吸管和裱花嘴压出形状

⑤ 饭盒底部铺上生菜，放入做好的腐皮饭团。

用海苔表情压花器压出形状

茄汁白玉菇花菜

❶ 番茄切成粒装，花菜切小朵，白玉菇切段，大蒜切片。

番茄去皮切丁

花菜切小朵

大蒜切片

白玉菇切段

❷ 平底锅放入植物油，烧热后放入大蒜片爆香，放入番茄翻炒至软，加入花菜、白玉菇翻炒，淋上少许水帮助煮熟，倒入番茄酱翻炒收汁，加少许盐调味即可。

放入蒜片，炒香

番茄翻炒至软

混合蔬菜

❶ 水里放入盐和植物油，烧开后放入混合蔬菜，焯烫2分钟，捞出滤干水分，装盒。

加入花菜、白玉菇翻炒
淋上少许水帮助煮熟

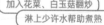

倒入番茄酱收汁

香肠小章鱼

❶ 迷你香肠尾部切成四瓣，平底锅放油，煎熟至尾部"开花"，用牙签或小镊子装饰上黑芝麻粒。鹌鹑蛋煮熟剥壳，插上香肠装饰签，一起装盒吧！

迷你香肠尾部切成四瓣

油热后用中小火煎至开花

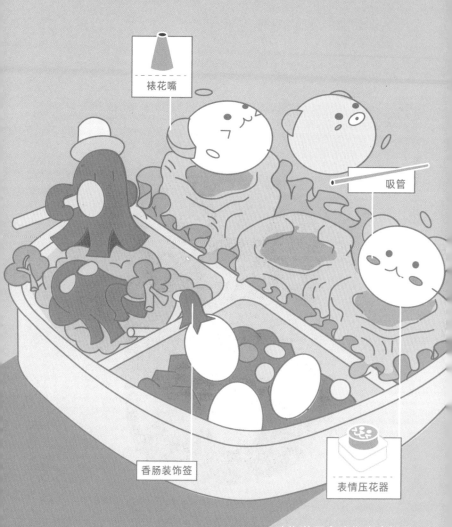

裱花嘴

吸管

香肠装饰签

表情压花器

动物游园会迷你腐皮饭团

春日花园蔬食便当

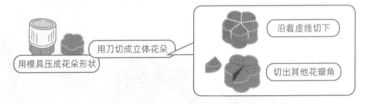

🍴 食材

肉松米饭

米饭 75克 **肉松** 6克 **白芝麻** 2克

蔬果花园

生菜 30克 **午餐肉** 35克 **莲藕** 20克 **荷兰豆** 15克 **胡萝卜** 10克 **豌豆仁** 25克

玉米粒 15克 **串番茄** 24克 **水煮蛋** 15克 **植物油** 2克 **盐** 0.5克

🗒 步骤

肉松米饭

煮熟的米饭和肉松、白芝麻粒混合均匀，装盒。

米饭混合肉松、白芝麻

蔬果花园

① 胡萝卜用小花模具压成花朵形状，然后用刀切成立体花朵。

用模具压成花朵形状

用刀切成立体花朵

沿着虚线切下

切出其他花瓣角

② 莲藕切成圆片后，用刀尖修整成花朵形状。

③ 荷兰豆撕去筋膜，锅里水烧开，放入植物油和盐，放入荷兰豆、玉米粒、豌豆仁、胡萝卜花朵、莲藕花朵，焯烫2分钟后捞出滤干水分，荷兰豆斜切成两段。

荷兰豆撕去筋膜

水烧开后放入植物油和盐

焯烫2分钟后捞出滤干水分

荷兰豆斜切成两段

④ 午餐肉分别用大花和小花模具压成花朵形状，摆放在米饭上，放上焯熟的玉米粒和豌豆仁，将荷兰豆摆放在花朵旁边当叶子。

午餐肉用模具压成花朵形状

⑤ 水煮蛋切片后用小花模具压成小花朵形状。饭盒铺上生菜，摆放上串番茄和各种焯熟的蔬菜、鸡蛋小花朵，装饰生机勃勃的"春日花园"。

水煮蛋切片

水煮蛋切片

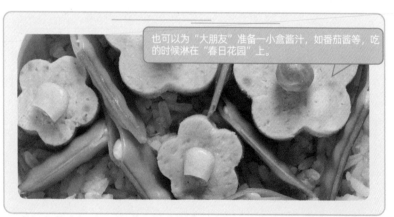
也可以为"大朋友"准备一小盒酱汁，如番茄酱等，吃的时候淋在"春日花园"上。

工具示意

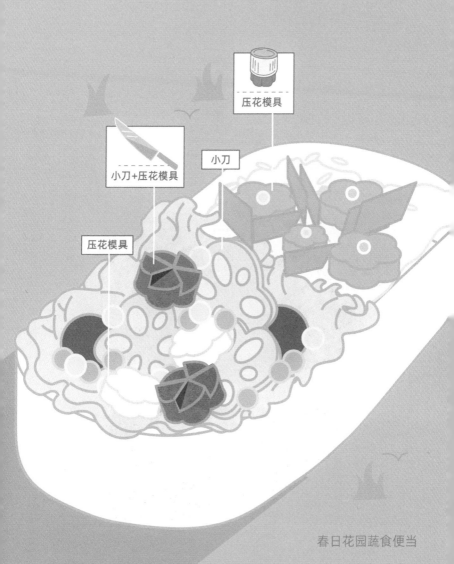

压花模具

小刀+压花模具

小刀

压花模具

春日花园蔬食便当

麦琪番茄意面便当

准备时间： 10分钟
烹饪时间： 25分钟
（不含煮米饭时间）

参考热量	A盒	B盒	C盒	410 kcal
	301kcal	36kcal	73kcal	

A盒	**直条意面** 40克 **即食蟹柳** 35克 **番茄** 60克 **白玉菇** 25克
	罗勒番茄意面酱 30克 **橄榄油** 2克 **盐** 少许

装饰	**脸部** 火腿片 1片 鳕鱼肠 2克 胡萝卜片 2克 海苔 少许
	小花朵 火腿片 5克 水果黄瓜 40克

B盒	**玉米笋** 4根45克 **香菇** 2朵24克 **橄榄油** 2克 **蒜香胡椒海盐** 适量

C盒	**橘子** 75克 **蓝莓** 50克

A盒

❶ 600毫升水烧开后放入少许盐，放入意面煮7分钟后捞起，滤干水分。

600毫升水烧开
放入少许盐

汁水留用

放入意面煮7分钟捞出滤干水分

❷ 番茄切小块，即食蟹柳撕小块，平底锅加入橄榄油，放入番茄炒软出汁后加入白玉菇，翻炒2分钟至软。

番茄切小块

蟹柳撕成条状

番茄炒出汁后加入白玉菇，翻炒2分钟

❸ 加入意面、即食蟹柳、罗勒番茄意面酱、一小碗煮面汤汁，用力搅拌均匀至酱汁呈乳化状态，盛入便当盒。

意面汤汁　番茄意面酱

用力搅拌至酱汁呈乳化状态

❹ 火腿片折叠成脸的形状，另一片火腿用樱花模具压出樱花形状，将鳕鱼肠切成圆片，胡萝卜用裱花嘴压出圆形，海苔片用表情压花器压出形状，组装起来，用筷子调整"发型"。

火腿片折叠成脸的形状

鳕鱼肠切成圆片

用海苔表情压花器压出形状

另一片火腿用樱花模具压出樱花形状

胡萝卜用裱花嘴压出圆形

❺ 水果黄瓜切两个2厘米高的小段，用裱花嘴压成空心，再各切4~5片薄片，卷成花朵放在"黄瓜底座"上即可。

切两个2厘米高的小段
用裱花嘴压成空心

再各切4~5片薄片

卷成花朵放在"黄瓜底座"

B盒

❶ 香菇切花，水烧开后放入香菇和玉米笋，焯烫2分钟后捞起。

香菇切花

水烧开后焯烫2分钟

❷ 平底锅放橄榄油，放入香菇、玉米笋，煎出香味，研磨蒜香胡椒海盐调味。

和水果一起装盒即可。

放入香菇、玉米笋，煎出香味

樱花模具

裱花嘴

A

表情压花器

B

C

麦琪番茄意面便当

面包超人热压三明治&小食便当

准备时间：10分钟 烹饪时间：25分钟
（不含鸡翅腌制时间）

参考热量	A盒	B盒	725 kcal
	474kcal	251kcal	

A盒

| A1 热压三明治 | 吐司 2片100克　香蕉 36克　花生酱 20克 |

| A2 装饰 | 火腿片 3克　海苔 适量　生菜 45克　串番茄 48克 |

B盒

| B1 照烧鸡翅 | 鸡翅 40克　鸡翅根 50克　照烧汁 8克 |

| B2 厚蛋烧（食材量可以做5卷） | 鸡蛋 2颗　盐 少许　植物油 1克　海苔 适量 |

| B3 蔬果 | 生菜 45克　串番茄 24克 |

📋 步骤

A盒

A1 热压三明治

❶ 两片吐司分别涂抹花
生酱，香蕉切圆片夹
在吐司片中间，放入
预热好的三明治机，
加热约3分钟后取出
三明治，切成两个长
方形。

A2 热压三明治

❷ 火腿肠切出3个圆片，
用花生酱固定在三明
治上，海苔片用表情
压花器压出形状，装
饰在三明治上即可。
便当盒里铺一层生菜，
放上三明治和串番茄。

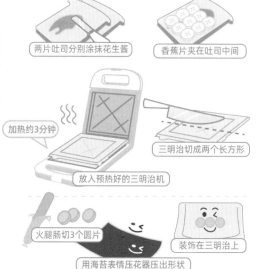

两片吐司分别涂抹花生酱

香蕉片夹在吐司中间

加热约3分钟

放入预热好的三明治机

三明治切成两个长方形

火腿肠切3个圆片

用海苔表情压花器压出形状

装饰在三明治上

217

B盒

B1 照烧鸡翅

❶ 鸡翅和鸡翅根洗净，双面各划两刀，用厨房纸吸干水分，刷上照烧汁腌制30分钟。

洗净，双面各划两刀
用厨房纸吸干水分

刷上照烧汁

腌制30分钟

❷ 放入预热好180℃的烤箱中层，烤15分钟后取出翻面，再刷一层照烧汁烤10分钟。

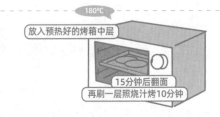

180℃

放入预热好的烤箱中层

15分钟后翻面

再刷一层照烧汁烤10分钟

B2 厚蛋烧

❶ 蛋液中加入盐和30毫升水，打散。

加入水和盐
打散均匀

涂抹一层植物油

❷ 玉子烧煎锅均匀涂抹一层植物油，倒入1/3蛋液，微微凝固后，从锅的尾部卷起至边缘后倒入另外1/3蛋液，凝固后再卷起至边缘，重复至蛋液用完，卷起后切段，中间装饰海苔。

便当盒里铺一层生菜，将照烧鸡翅、厚蛋烧和串番茄一起装盒。

倒入1/3蛋液

待微微凝固后

从锅的尾部卷起至边缘

倒入1/3蛋液

重复至蛋液用完

反方向卷起

卷起后切段
中间装饰海苔片

小贴士 它看着可爱，但是分量超足。如果吃便当的是小朋友，请酌情减量！

工具示意

三明治机

表情压花器

面包超人热压三明治&小食便当

萌猫饭团便当

准备时间： 10分钟
烹饪时间： 30分钟
（不含煮米饭时间）

参考热量	A盒	B盒	411 kcal
	264kcal	147kcal	

🍴 食材

A盒

A1 萌猫饭团 米饭 150克 海苔 适量 芝士片 1片 火腿片 1片 生抽 1克 胡萝卜 2克

A2 装饰 玉米笋 25克 莲藕 20克 火腿片 1片 生菜 30克 盐 0.5克

B盒

B1 花园 香菇 15克 鸡蛋 1颗 香肠 20克 甜豆 12克 胡萝卜 8克 生菜 8克 植物油 1克

C盒

C1 果园 杨桃 20克 黄圣女果 70克

📋 步骤

A盒

A1 萌猫饭团

① 将米饭装入模具中印出萌猫形状，海苔用表情压花器出表情，芝士片和火腿片压出耳朵形状，胡萝卜压出小鱼的形状，一一组装，在其中一只小猫额头刷上少许生抽。

米饭用饭团模具压出萌猫形状

海苔压出表情形状

胡萝卜片压出小鱼形状

在其中一只额头上刷少许生抽

一一组装

火腿片与芝士压出耳朵形状

A2 装饰

❶ 水里放入盐，烧开后放入玉米笋和莲藕，焯水2分钟，火腿片切去两端，等分切出线条（不切断），卷起成花形即可。

❷ 便当盒铺上生菜，将食材们装盒。

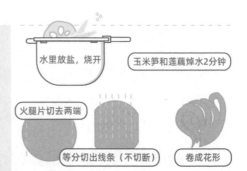

水里放盐，烧开

玉米笋和莲藕焯水2分钟

火腿片切去两端

等分切出线条（不切断）

卷成花形

B盒

B1 花园

❶ 香菇切花刀，甜豆撕去筋膜，焯水备用（可以和装饰一起焯水），香肠切"井"字纹煎熟。

香菇切花

甜豆撕去筋膜

焯水备用

香肠切"井"字纹并煎熟

❷ 鸡蛋液打散后过滤一遍，平底锅刷一层植物油，倒入鸡蛋液，用中小火煎成蛋皮，切成两份，等分切出线条（不切断），包入香肠卷成一朵向日葵；胡萝卜用模具压出花形。

鸡蛋液打散

面糊过筛

❸ 便当盒铺上生菜，装盒。

锅内刷一层植物油

倒入鸡蛋液，中小火煎成蛋皮

C盒

C1 果园

❶ 黄圣女果切半，杨桃切去边缘后切成五角星，一起装盒即可。

蛋皮等分切出线条（不切断）

222

工具示意

萌猫饭团模具

表情压花器

萌猫饭团便当

手鞠寿司

准备时间：10分钟
烹饪时间：35分钟
（不含煮米饭时间）

参考热量	A盒	B盒	574 kcal
	370kcal	204kcal	

A盒

| A1 手鞠寿司 | 米饭 240克 虾仁 20克 鸡蛋 1颗 樱桃萝卜 20克 黄瓜 10克 |
| | 米醋 6克 白砂糖 3克 熟黑芝麻 少许 生菜 40克 植物油 2克 |

B盒

B1 章鱼香肠	小香肠 35克 植物油 3克 熟白芝麻 少许	**食材可做5份**
B2 蜂蜜厚蛋烧	鸡蛋 3颗 蜂蜜 10克 盐 少许 植物油 3克 海苔 适量
B3 蔬果	西蓝花 25克 秋葵 15克 黄瓜 15克 胡萝卜 8克 圣女果 10克
	生菜 10克 植物油 1克 盐 0.5克

🗒 步骤

A盒

A1 手鞠寿司

① 虾仁焯熟，黄瓜切薄片，樱桃萝卜切薄片，取一半樱桃萝卜加入米醋和白砂糖腌制半小时，可得粉红色的樱桃萝卜片。

② 鸡蛋打散过滤一遍，油热后放入鸡蛋液，煎成金黄色蛋皮，切成合适大小。

③ 按图示分别在保鲜膜上摆放蛋皮、芝麻、黄瓜片、樱桃萝卜、虾仁等顶部食材，每份再放上40克米饭，提起保鲜膜捏成团。

④ 便当盒铺上一层生菜，将寿司装盒。

虾仁焯熟　　黄瓜切薄片　　樱桃萝卜切薄片

米醋 + 白糖　30分钟　　取一半樱桃萝卜腌制

鸡蛋打散过滤一遍　　倒入鸡蛋液，中小火煎成蛋皮

B1 章鱼香肠

❶ 小香肠一端切三刀，热锅倒油，油热后用中小火将香肠煎至开花，盛出，用白芝麻点缀作为章鱼眼睛。

小香肠一端切三刀

油热后用中小火煎至开花

B2 蜂蜜厚蛋烧

❶ 鸡蛋打散，加入盐、蜂蜜和20毫升水，搅拌均匀。

+ 盐
+ 蜂蜜
+ 水

鸡蛋打散，搅拌均匀

涂抹一层植物油

❷ 玉子烧锅加热，刷一层油，倒入适量蛋液（大概1/4），用中小火煎至还未完全凝固时朝自己的方向卷起，然后推到另一边，再刷一层油，倒入适量蛋液，煎至即将凝固时卷起，再推到另一边，如此重复，直至蛋液用完，最后煎一下侧面定形，晾凉后切块，海苔剪成条状，从中间将厚蛋烧卷起。

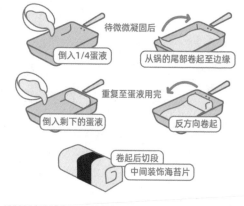

待微微凝固后

倒入1/4蛋液

从锅的尾部卷起至边缘

倒入剩下的蛋液

重复至蛋液用完

反方向卷起

卷起后切段

中间装饰海苔片

B3 蔬果

❶ 黄瓜和胡萝卜切花。

黄瓜和胡萝卜切花

❷ 水里放入植物油和盐，烧开后放入西蓝花和胡萝卜焯熟，再放入秋葵焯水后切厚片。用生菜隔开蜂蜜厚蛋烧，和所有蔬果一起装盒即可。

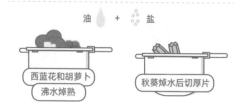

油 + 盐

西蓝花和胡萝卜
沸水焯熟

秋葵焯水后切厚片

工具示意

小刀+压花模具

手鞠寿司

✂ 食材

A盒

A1 白灼西蓝花　西蓝花 45克　植物油 2克　盐 0.5克

A2 乔治意面　花椰菜 110克　意面 60克　火腿片 5克　海苔 少许　串番茄 25克
植物油 3克　黑胡椒海盐 适量　罗勒番茄意面酱 20克　盐 适量

B盒

食材量可以做5卷

B1 番茄厚蛋烧　番茄 35克　鸡蛋 3颗　蜂蜜 10克　盐 少许　植物油 3克

B2 培根芦笋　培根 2片　芦笋 45克　黑胡椒海盐 适量

B3 蔬果　草莓 45克　生菜 20克

圖 步骤

A盒

A1 白灼西蓝花

❶ 西蓝花洗净，放进加了少许油和盐的沸水中，焯烫1分钟捞出。

油 + 盐

西蓝花洗净

沸水焯烫1分钟

A2 乔治意面

❶ 花椰菜切碎，热锅倒入植物油，油热后放入花椰菜碎翻炒至软，研磨适量黑胡椒海盐调味。

翻炒至软
黑胡椒海盐调味

花椰菜切碎

❷ 1升水烧开后放入少许盐，放入意面煮7分钟后捞起滤干水分。

1升水烧开
放入少许盐

汁水

放入意面煮7分钟，捞出滤干水分

229

❸ 先将白灼西蓝花装盒，然后放入炒好的花椰菜碎，将意面用叉子卷成小卷，放在花椰菜碎上，当作乔治的头发。

意面用叉子卷成头发形状

将西蓝花装盒

放入炒好的花椰菜碎

❹ 用裱花嘴压出火腿片腮红，将海苔剪出乔治的表情，装饰在花椰菜碎上即可，放入串番茄打包时将罗勒番茄意面酱独立打包在酱汁盒中，享用时淋在意面上。

用裱花嘴压出火腿片腮红

将海苔剪出乔治的表情

B盒

B1　番茄厚蛋烧

❶ 番茄去皮切丁，鸡蛋打散，加入盐、蜂蜜、20毫升水和番茄丁，搅拌均匀。

+ 盐
+ 蜂蜜
+ 水

番茄去皮切丁

鸡蛋打散，搅拌均匀

❷ 厚蛋烧锅加热，刷一层油，倒入适量蛋液（约1/4），中小火煎至还未完全凝固时朝自己的方向卷起，然后推到另一边，再刷一层油，倒入适量蛋液，煎至即将凝固时卷起，再推到另一边，如此重复，直至蛋液用完，最后煎一下侧面使之定形，晾凉后切块。

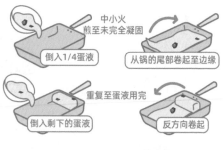

中小火
煎至未完全凝固

倒入1/4蛋液

从锅的尾部卷起至边缘

重复至蛋液用完

倒入剩下的蛋液

反方向卷起

最后煎一下侧面使之定形，晾凉后切块

B2　培根芦笋

将芦笋切成10厘米长的小段，每片培根卷起3根芦笋，表面放适量黑胡椒海盐，放进预热好上下火180℃的烤箱中层烤15分钟。

黑胡椒海盐

培根卷起3根芦笋

放进烤箱中层烤15分钟

便当盒铺上生菜，将番茄厚蛋烧、培根芦笋、草莓一起装盒即可。

裱花嘴

表情压花器

乔治意面便当

赛车总动员便当

准备时间：10分钟
烹饪时间：20分钟
（不含煮米饭时间）

参考热量	A盒 360kcal	B盒 74kcal	C盒 62kcal	496 kcal

A盒

| A1 小汽车饭团 | 米饭 120克 海苔 适量 |

A2 杂蔬虾饼 虾滑 80克 玉米粒 10克 胡萝卜 8克 面粉 15克 植物油 3克
黑胡椒海盐 适量

A3 配菜&装饰 生菜 30克 鹌鹑蛋 20克 黄圣女果 15克

B盒

B1 水煮竹轮卷 竹轮卷 60克 生菜 10克

C盒

C1 水果 橙子 150克

噗噗噗

A盒

A1 小汽车饭团

❶ 米饭装入模具中压成小汽车形状，海苔剪出小汽车的车窗和车轮，粘在饭团相应位置上。

米饭用饭团模具压出小汽车形状

海苔剪出车窗和车轮形状

A2 杂蔬虾饼

❶ 玉米粒稍微切碎，胡萝卜切细丁，虾滑中加入玉米粒、胡萝卜丁、面粉、黑胡椒海盐，搅拌均匀。

+面粉
+黑胡椒海盐

玉米粒切碎，胡萝卜切细丁

加入虾滑，搅拌均匀

❷ 热锅倒油，油热后放入虾滑，用铲子整成圆饼状，两面煎至金黄熟透即可。

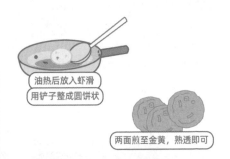

油热后放入虾滑
用铲子整成圆饼状

两面煎至金黄，熟透即可

A3 配菜&装饰

❶ 黄圣女果切半，鹌鹑蛋煮熟后用竹签串起，饭盒里铺上生菜，放上小汽车饭团、虾饼、鹌鹑蛋串串和黄圣女果。

B盒

B1 水煮竹轮卷

❶ 每个竹轮卷切成两段，放入沸水中焯熟，生菜铺在便当盒里，装盒。

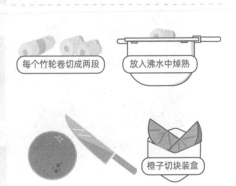

每个竹轮卷切成两段

放入沸水中焯熟

C盒

C1 水果

❶ 橙子切块，装盒。

橙子切块装盒

234

剪刀

汽车饭团模具

赛车总动员便当

巧克力松饼草莓串串

准备时间： 5分钟
烹饪时间： 25分钟

参考热量
每串约90kcal

松饼面糊（约可煎20个小松饼）

松饼粉 150克 **牛奶** 100毫升 **鸡蛋** 1颗 **草莓** 6颗 **棉花糖** 12颗 **巧克力酱** 24克

目 步骤

松饼面糊

❶ 松饼粉加入牛奶和鸡蛋，搅拌均匀，成细腻的松饼面糊。

松饼粉 ＋ 牛奶 ＋ 鸡蛋 ＋

❷ 平底锅开小火，用勺子舀取一小勺面糊，从高处落下，摊成一个圆形，待表面形成一些小泡的时候，用铲子翻面，再煎15秒左右盛出，重复步骤，煎完松饼面糊。

让面糊从高处落下，摊成圆形

用铲子翻面，再煎15秒左右盛出

❸ 松饼上涂抹巧克力酱，用竹签将棉花糖、巧克力松饼、草莓如图示串起。

草莓

松饼

棉花糖

飘飘建议

❶ 不同品牌的松饼粉制作松饼面糊时所需食材比例可能会不同，可以根据包装上示意的比例进行调整。

❷ 每煎完一锅松饼，把平底锅放在准备好的湿抹布上面快速降温，防止后面煎出来的松饼颜色太深。

❸ 把松饼煎得圆圆的秘诀是倒面糊的时候手不要移动，让面糊沿着同一个地方倒下来即可。

聚会灵魂便当
注意事项碎碎念

由于疫情的影响，我们无法随心所欲地长途旅行，只好退而求其次，到各种容易抵达的户外环境中亲近自然、放飞自我。近可选择街区公园、星空营地等"轻户外"场所，远则参与探索深山野林，户外生存等更刺激、更"野"的项目。

"轻户外"是我很推崇的，不管是一人行、携家带口还是呼朋唤友，提前一天、半天，甚至说走就走都可以。以半天为最小单位，吃饭或者称之为新生态下的美食体验，都是"轻户外"的一个重要组成部分，说它"最灵魂"也不为过。毕竟，我们都喜欢和喜欢的人一起分享喜欢的食物。

除了氛围感聚会灵魂便当食谱，本书也梳理了近期在"轻户外"过程中关于便当制备的一些思路，供大家参考。

走出去，拥抱一下自然吧，让美味把我们牢牢绑定在一起。

餐品的选择

贴士 1　按计划的户外游玩时间，确认餐品是否需要管饱

无须管饱　随心所欲安排即可。

需要管饱　多选一些有主食的餐品，比如我们食谱中的：**意式薄底鸡腿比萨、蒜香法棍** 等，抗饿能力一流。

贴士 2　确认是否需要艳惊四座

别瞧不起这种"朴素"的想法，如果有能力让准备的餐品艳惊四座，为什么不呢？讨好自己也很重要，毕竟美美的食物也是美好记忆的组成部分啊。

> 本期食谱为你准备了治愈系的
> **小清新蛋糕便当**、**水果奶油三明治**，还有 **巧克力酱折叠可丽饼**。
> 这些除了好吃，拍照也很容易拍出氛围感。

不得不提醒一下，这些高颜值餐品，在**外带时最好做好保护措施**，指定一个靠谱的人专程看护是个不错的选择。也不用过分担心，拿小清新蛋糕便当来说好了，我们曾经在大夏天带着它外出，一路是蜿蜒陡峭山路，抵达营地时完好无损。

另外，如果需要户外烹饪，大块的牛排、饱满的海鲜都是既受欢迎又能"出片"的好选择。

贴士 3 确认是否带小朋友外出

有人类幼崽参与的话，别忘了准备他们爱吃的食物，这样可以让他们全程满意度很高。

| 请记住 | → 照烧鸡翅/鸡腿永远受小朋友欢迎。 |
| | → 甜品也是。 |

贴士 4 不要忘了蔬果

户外聚会时大家经常会准备很多多巴胺最爱的零食，盐分高，热量也高，其实不妨多准备一些蔬果便当，悄悄地为大家补充维生素和膳食纤维。

可以直接做高颜值的蔬果便当，如食谱里的 **水果便当**、**烤时蔬便当** 与 **蔬菜卷烘蛋**；也可以携带能直接食用、不需要处理的水果和蔬菜，如香蕉、带皮的橘子等，直接扛一个大西瓜到户外再切分也是不错的选择；还可以选择已经清洗好的沙拉生菜或者适合生食的水果黄瓜等。

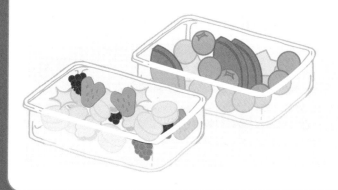

户外餐食用具的选择

便当盒的选择

原则 1 ：轻便 > 厚重

塑料、钛制便当盒更轻便一些，适合为户外活动"减负"。

原则 2 ：考虑密封性

最好在出门前就做好测漏工作。谁都不想抵达户外要享受美食时面对渗漏等糟糕场面。如果对密封性有疑虑，可以缠绕保鲜膜，多加一层保险。

原则 3 ：容量评估

如果经常外出野餐，建议购买一整套不同尺寸的便当盒/密封盒，使用起来更灵活自由。

原则 4 ：考虑是否需要直火加热，选购时留意材质说明。

原则 5 ：看心情。

以上5个原则以**原则5**为首要原则。
毕竟都要去户外寻开心了，当然开心最重要！

如果遇到便当盒不够的情况，可以这么操作：

- 食品密封袋代替部分便当盒，装一些新鲜果蔬或坚果等。
- 从熟悉的食品店老板那里临时采买一些一次性饭盒，应急用。

保温载体的选择

短时聚会时可以不用太操心保温问题。如果天气较热，或者参与路途较远、延续时间较长的聚会，建议提前考虑保温问题。通常可以选购**保温袋**或**保温箱**来携带便当或其他食物。

保温袋

保温箱

◇ 选购贴士 ◇

a 选择易清洁的材质　　**b** 选择冷暖两用类型

c 坚固耐用的提手很重要

另外，想要更好的保冷效果可以这么做：

提前冷冻或冷藏便当、饮料，同时配备**足够的冰块或冰盒**。尽量把保温箱装满可以达到更理想的冷藏效果。要知道大夏天的时候，在户外玩得开心时还能享受到冰饮加持的快乐，是多么美好。

户外烹煮、加热方式的选择

卡式炉

方便调整火力，需要根据烹饪量带足气罐。

气罐炉（分体式或一体式）

选购时，建议选择炉头可以调整火力大小的。

使用贴士

1 一瓶250克的气罐，通常在最大火力情况下可以燃烧90分钟左右，能煮两顿火锅——可以以此来粗略判断需要携带的气罐数量，建议多带1瓶，更保险。

2 使用过程中不要随意移动，炉头等完全冷却后再进行收纳。

3 请勿在密闭空间内使用，有可能造成一氧化碳中毒。

酒精炉

较适用于加热或者简单烹饪，如烤吐司。

使用贴士

1 浓度为95%的酒精燃烧效率较好。

2 95%酒精1000毫升，文火约可燃烧60分钟。

3 需要在火熄灭后添加酒精，明火添加酒精可能会出现爆燃、喷溅的危险。

⊘ 无论选择哪种炉子，都建议带个**可折叠收纳的挡风板**。
另外，用火请一定注意安全！ ⊘

餐具要带够

1 使用率最高的是叉子，无论是吃蛋糕、水果还是面条，可以代替筷子。

2 也可以带一些牙签备用，建议牙签盒一起带，不然被牙签戳到可不是好玩的。

3 如果要带一些一次性餐具应急，建议选择可降解材质。

好啦，关于聚会灵魂便当的碎碎念就分享到这里，
接下来是为你准备的相关食谱，燃起来！

4寸小清新蛋糕便当

准备时间：10分钟
烹饪时间：70分钟
（含烤制时间40分钟）

参考热量 每个约400kcal

饼干款

笑脸款

无花果款

草莓款

🍴食材·4个4寸蛋糕

蛋黄糊	低筋面粉 44克 玉米淀粉 6克 蛋黄 50克 牛奶 25克 细砂糖 20克 玉米色拉油 18克
蛋白霜	蛋清 100克 细砂糖 37克 盐 0.6克 柠檬汁 6克
装饰	淡奶油 200克 细砂糖 10克 草莓 2颗 蓝莓 30克 无花果 1颗 装饰饼干 1个 迷迭香 少许 巧克力酱 3克

蛋黄糊

① 牛奶加入细砂糖和玉米色拉油，用打蛋器搅拌均匀至乳化。

牛奶　　细砂糖　　玉米色拉油

② 加入过筛的低筋面粉与玉米淀粉，用划一字的方法混合均匀，至无干粉状态。

加入蛋黄

③ 加入蛋黄，继续使用划一字加捞拌的方法（另一只手转动容器），直到面糊均匀无疙瘩，提起呈现断断续续、直线滴落状。

面粉和淀粉过筛

用划一字的方法捞拌

蛋白霜

① 蛋清加入柠檬汁，用电动打蛋器**最高速**打蛋，打散变白呈现**粗泡**后加入盐、1/3细砂糖，继续用最高速打蛋，打至蛋白体积变大，气泡变得细腻时（仍然有流动性），继续加入1/3细砂糖。

高速打蛋

蛋白加柠檬汁

蛋白打出粗泡后
加入盐、1/3细砂糖

高速打蛋

蛋白体积变大、细腻
加入1/3细砂糖

② 继续用**最高速**打蛋，打至**湿性发泡**（蛋白出现纹路，提起打蛋器头，蛋白霜呈现**弯钩大尖角**，有一定的曲线弧度）时，加入最后1/3细砂糖。

高速打蛋

打至湿性发泡
加入最后1/3细砂糖

③ 打蛋器转**低速**，打至**干性发泡**（蛋白细腻光泽、纹路明显，提起打蛋器头，上面只有**短小约0.5厘米、尖锐的尖角**）。

转低速

打至干性泡发
蛋白纹路明显

④ 整理蛋白糊，用打蛋器或抹刀整理至光滑。

整理蛋白糊

混合蛋黄糊和蛋白霜

① 将1/3蛋白霜加入蛋黄糊里，用划一字加捞拌的形式混合均匀。

分3次加入蛋黄糊

② 再加入1/3蛋白霜，混合均匀后倒入最后1/3蛋白霜里面（混合前将蛋白霜再用蛋抽或抹刀整理至光滑），继续用**划一字加捞拌**的形式混合均匀，至蛋糕光滑细腻。

· 用划一字的方法捞拌

烤制

① 将面糊装入裱花袋，挤进模具中，八成满即可（一个模具装60~65克面糊），用牙签画圈让表面变平整。

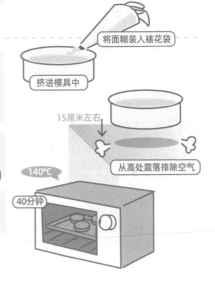

将面糊装入裱花袋

挤进模具中

15厘米左右

② 将模具从桌面15厘米左右高度往下落，通过震动排出空气。

关键步骤

从高处震落排除空气

③ 放入托盘，放入预热好上下火140℃的烤箱中层，烤40分钟。

140℃

40分钟

出炉

① 从烤箱中取出，震动模具排出空气并倒扣至冷却，冷却后每个蛋糕切成两片。

倒扣冷却

每个蛋糕切成两片

❶ 淡奶油加入细砂糖，放入无水
无油的容器中，电动打蛋器开
至高档，打至奶油纹路清晰，
提起打蛋头后奶油呈现直立小尖
角（约九成发）。

高速打蛋

淡奶油加入细砂糖
打至纹路清晰，奶油呈现小尖角

❷ 装入裱花袋，用不同的裱花头
裱花装饰即可。笑脸款腮红是
用草莓切片，然后用裱花嘴压
成圆形。

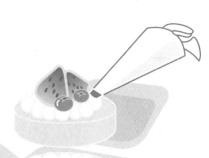

用不同裱花头裱花装饰

飘飘建议

❶ 将所有可以室温放置的食材先称量好，再开始操作可以节省大量时间（淡奶油
除外）。

❷ 淡奶油在使用前请一定要放冰箱冷藏，如果怕打发失败，建议电动打蛋器的
"爪头"也放进冰箱冷藏，要打的时候再取出来。如果室内温度比较高，
建议让盆"坐在"冰水上进行打发。

❸ 因为需要装饰好几款不同的蛋糕，所以建议使用裱花嘴转换头，更换裱花嘴更
方便。

巧克力酱折叠可丽饼

🍴 食材

可丽饼皮（直径18厘米，6张）	**低筋面粉** 70克　**牛奶** 145克　**鸡蛋液** 80克 **细砂糖** 2.5克　**盐** 0.1克　**玉米油** 4克
卷饼馅料（6个）	**巧克力酱** 48克　**香蕉** 132克　**蓝莓** 132克
装饰	**草莓** 4颗　**糖粉** 3克

📋 步骤

❶ 低筋面粉过筛，牛奶分3次冲入面粉中，搅打均匀，放入鸡蛋液、细砂糖和盐，搅拌至面糊顺滑，将面糊过筛一遍。

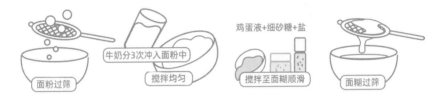

❷ 中小火烧热平底锅，刷少许玉米油防粘，舀一勺面糊至锅中，迅速顺时针（按一个方向）晃动摊成薄饼。

❸ 煎至面糊底部凝固，再煎20秒左右盛出。

❹ 香蕉切片，在煎好的可丽饼表面抹上巧克力酱，然后沿可丽饼中心点向下切一刀，摆放上香蕉片和蓝莓，折叠起来即可。

251

⑤ 便当盒里放上草莓做铺垫，一盒摆放3个折叠可丽饼，再放上切开的草莓做装饰，撒上糖粉即可。

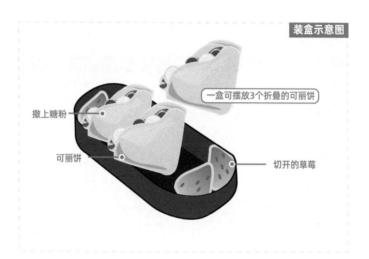

装盒示意图

一盒可摆放3个折叠的可丽饼

撒上糖粉

可丽饼

切开的草莓

飘飘建议

① 倒面糊之前，在平底锅上涂抹少许油可以让饼皮更容易取出。除了玉米油，也可以选用黄油，同时可以帮助我们煎出漂亮的花纹。

② 直径18厘米左右的平底锅，面糊量大约为40克，具体制作的时候要控制一下量，以免饼皮太厚或太薄。

③ 配方里的细砂糖放得很少，仅有一丝甜味，也放了一点点盐突显鲜甜，嗜甜者按喜好增加细砂糖的量。

X＿O

松软美味

X＿O

甜而不腻

水果奶油三明治

准备时间：　5分钟
烹饪时间：　15分钟
（不含冷冻时间1小时）

参考热量　草莓款 504kcal
　　　　　无花果款 537kcal

白吐司 4片 **草莓** 4颗80克 **无花果** 2颗90克 **淡奶油** 200克 **细砂糖** 10克

📖 **步骤**

① 淡奶油加入细砂糖，放入无水无油的容器中，电动打蛋器开至高档，打至奶油纹路清晰，提起打蛋头后奶油呈现尖角（约八成发），装入裱花袋。

打奶油至尖角，装入裱花袋

② 白吐司去边，在砧板铺上保鲜膜，放上一片白吐司，涂抹一层奶油，中间摆放2颗草莓，旁边再摆放2颗草莓，间隙都填满奶油，再放上一片白吐司，用抹刀修整四周至平整，用保鲜膜包起来，做好切吐司的标记，放入冰箱冷冻1小时后取出切半。

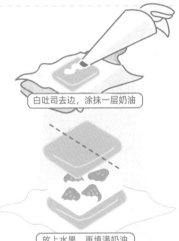

白吐司去边，涂抹一层奶油

③ 无花果款式，也一样操作，中间放入一颗大的无花果，另一颗无花果切成小块放两侧，间隙填满奶油，其他步骤跟草莓款一样。

放上水果，再填满奶油

飘飘建议

① 淡奶油打发前要放冰箱冷藏12小时以上。打发时天气热的话，建议准备一盆冰水，垫在装淡奶油的打蛋盆下方进行打发，打发后如果没有及时使用，需要盖好保鲜膜，尽快放冰箱冷藏哦。

② 这款三明治奶油量很足，可以多放一些水果减少奶油用量，聚会时也可以切成小份，和家人好友一起分享。

放入冰箱冷冻1小时，切半

蒜香法棍小食盒

参考热量 596kcal/2盒

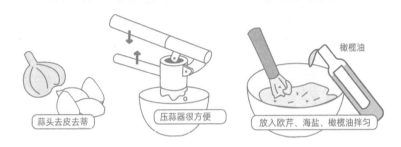

食材

法棍 14片220克　**蒜头** 12克　**欧芹** 1克　**特级初榨橄榄油** 20克　**海盐** 0.5克

步骤

❶ 蒜头去皮去蒂，压成蒜泥，放入欧芹、海盐、特级初榨橄榄油拌匀，刷在法棍上。

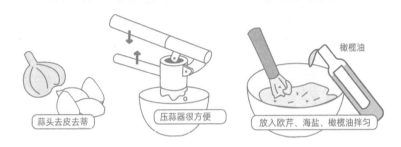

蒜头去皮去蒂

压蒜器很方便

橄榄油

放入欧芹、海盐、橄榄油拌匀

❷ 放入预热好上下火180℃的烤箱中层，烤6分钟，取出装盒。

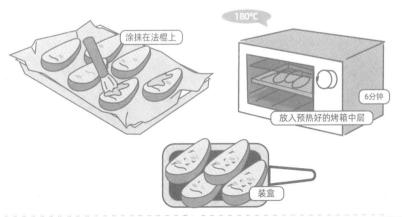

涂抹在法棍上

180℃

放入预热好的烤箱中层

6分钟

装盒

意式薄底鸡腿比萨

准备时间： 15分钟
烹饪时间： 180分钟
（含面团发酵140分钟）

参考热量　1595kcal 两盒
（两个8寸比萨）

饼底	**高筋面粉** 185克 **盐** 1.5克 **酵母** 1.5克
	特级初榨橄榄油 7克（5克加入面团中，2克等面团揉好后涂在面团上）
比萨馅料	**去皮鸡腿** 2个160克 **香菇** 80克
	罗勒番茄酱 70克（炒鸡腿肉20克，涂抹饼底50克）
	比萨草 4克 **马苏里拉芝士** 200克 **特级初榨橄榄油** 2克

📖 **步骤**

饼底

❶ 高筋面粉、盐、酵母、110毫升水、橄榄油放入厨师机，盐和酵母分开放，厨师机开低速搅拌15分钟，直到面团表面变光滑。

高筋面粉+盐+酵母+水+橄榄油

低速搅拌15分钟

❷ 面团表面涂一层橄榄油，放温暖的地方发酵约两小时，面团变为两倍大，分成两份（可以做两个8寸比萨）。

面团表面涂橄榄油

发酵至两倍大

❸ 面团整为圆形，压扁，用手或用擀面杖将面团擀成方形后放在烤盘上，用叉子扎一些小孔（防止烤的时候鼓起）。

将面团擀成方形

用叉子扎一些小孔

馅料【面团发酵的时候先准备好】

1. 去皮鸡腿切成小块，香菇切厚片。

2. 不粘锅烧热，将鸡腿煎熟，加入20克罗勒番茄酱调色调味，收汁盛出备用。

3. 放少许橄榄油，将香菇厚片煎熟盛出。

去皮鸡腿切小块

煎熟，加入罗勒番茄酱

香菇切成厚片

加入少许橄榄油，煎熟备用

组装比萨

每份比萨涂抹25克罗勒番茄酱，撒上比萨草，铺上一层马苏里拉芝士，放上鸡腿肉和香菇后再撒一层马苏里拉芝士。

罗勒番茄酱 + 比萨草 + 鸡腿肉 + 马苏里拉芝士
马苏里拉芝士　　　香菇
撒上食材调料

烤制

放入预热好的230°烤箱中烤8~10分钟，切成三角片后装盒。

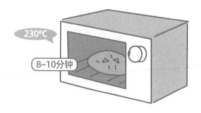
230°C
8~10分钟

切成三角片后装盒

飘飘建议

1. 没有厨师机可以用手揉：酵母加少许水化开后混合面粉、盐、水、橄榄油揉成面团，静置20分钟后再揉至光滑，同样涂上橄榄油放在温暖的地方发酵2小时。

2. 做好的饼皮十分柔软，可以尝试不用擀面杖，像比萨大师一样用手撑开面团，很好玩。

3. 醒面的时候记得在表层刷一层橄榄油，不然外皮很容易变干。

4. 做比萨很重要的一点是要把铺在披萨表面的食材水分尽量控干，否则比萨会湿漉漉的，影响口感和品相，可以通过预先炒、烤等方式逼出食材水分。

什锦天妇罗炸物盒

准备时间： 20分钟
烹饪时间： 30分钟

参考热量 739kcal

虾 120克 **莲藕** 60克 **红薯** 60克 **秋葵** 60克 **茄子** 60克 **天妇罗粉** 20克
植物油 500克 **黑胡椒海盐** 适量 **生菜** 适量

天妇罗面糊： 天妇罗粉 100克 冰块 40克
蘸汁： 木鱼花 5克 照烧汁 3克

步骤

食材准备

① 虾去头去壳去虾线，留尾部与最后一小节的壳，在虾腹部斜切3~4刀，放在砧板上按压捋直，防止虾身在炸的时候弯曲。

② 莲藕去皮切圆片，红薯切圆片，秋葵去蒂，茄子切成约5厘米小段，后斜刀切成扇子形。

③ 食材用厨房纸巾吸干水分。

去虾头　去虾线，留尾部壳　在虾腹部斜切3~4刀

莲藕去皮切片　红薯切圆片　秋葵去蒂

茄子切成约5厘米小段　斜刀切成扇子形

天妇罗面糊

① 将天妇罗粉、冰块、120毫升水混合，用打蛋器或筷子搅打一下，搅匀即可，不需要搅拌至光滑。

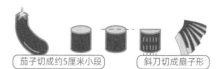

天妇罗粉　+　冰块　+　水　→　搅拌均匀

油炸环节

① 锅里放上植物油，中大火烧开，烧至160~180℃。可以滴落一点天妇罗面糊，如果一秒内面糊浮起即可油温可以了。

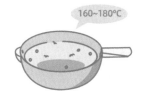

160~180℃

❷ 先炸蔬菜：将蔬菜浸入天妇罗面糊中，裹满面糊，放入油锅中，待表面凝固后不时上下翻面，当蔬菜浮起来、气泡变小时就是炸熟了。将蔬菜夹出，放在滤盘上控油。蔬菜油炸时间可参考：莲藕、红薯、茄子约3分钟，秋葵约1.5分钟。

气泡变小，就是炸熟了的标志

将蔬菜裹满面糊

待表面凝固后上下翻面

将炸好的蔬菜放在滤盘上控油

蔬菜油炸时间参考：
莲藕、红薯、茄子约3分钟，秋葵约1.5分钟

❸ 炸虾：捏住虾尾，先裹一层天妇罗粉，然后蘸取面糊，从头部开始慢慢放入油锅中，待表面面糊凝固后，上下翻面。用勺子舀取面糊，淋于正在油炸的虾上，制作蓬松状态的"花衣"。约炸3分钟，夹出滤油。

先裹天妇罗粉

再包裹面糊

待表面面糊凝固后，上下翻面

把面糊淋在虾上，制作"花衣"

约炸3分钟即可夹出滤油

❹ 便当盒里铺上生菜，炸好的食材放凉后装盒，在食材上研磨少许黑胡椒海盐。

蘸汁

木鱼花加100毫升水熬煮10分钟后过滤去渣，放凉后加入照烧汁，建议多分装几盒，外带时天妇罗蘸汁享用。

木鱼花+水

熬煮10分钟，过滤去渣

放凉后加入照烧汁

飘飘建议

① 油炸顺序是先炸素菜，再炸荤菜。

② 油炸的过程中会有天妇罗面渣，需要及时捞出。

③ 在油炸的过程中需要控制油的温度，如果有食品温度计，可以实时测温。油温过高会导致食材还没熟就已经上色，过低会导致口感黏腻，可以及时调整火力，确保温度在160~180℃。

④ 一定要擦干水，如果食材表面残留水，容易引起溅油，尤其是在炸虾的时候，请多用几张厨房纸巾将水分吸干。

蔬菜卷烘蛋&烤时蔬

准备时间： 15分钟
烹饪时间： 30分钟

参考   A盒 339kcal
热量   B盒 185kcal

266

| 蔬菜卷烘蛋 | 黄柿瓜 120克 绿柿瓜 100克 胡萝卜 70克 午餐肉 90克 鸡蛋 1颗 |
| | 橄榄油 2克 黑胡椒海盐 1克 |

✂ 食材·B盒

烤时蔬	迷你土豆 200克 蘑菇 100克 手指萝卜 60克 橄榄油 3克
	普罗旺斯草本香料 0.1克 三色胡椒 0.1克 海盐 0.5克 迷迭香 2支
可选搭配	蜂蜜芥末酱 30克

📖 步骤

A盒

❶ 黄柿瓜、绿柿瓜、胡萝卜、午餐肉都用剥皮刀刨成长片状。

用剥皮刀刨成长片状

❷ 将长条依次叠放，卷起来，再重复这个步骤，将蔬菜和午餐肉卷完，卷成椭圆形。

黄柿瓜
绿柿瓜
胡萝卜
午餐肉

依次叠放卷起　重复此步骤至卷完所有食材

❸ 玻璃便当盒刷一层橄榄油，放入蔬菜卷，鸡蛋打散，放入黑胡椒海盐，搅打均匀，淋在蔬菜卷上。

❹ 放入190℃预热好的烤箱中层，烤25分钟即可。

❺ 表面研磨一层黑胡椒海盐，吃的时候可以切成块状，用长签串起。

直接享用，味道就很棒，也可以搭配酱汁，如蜂蜜芥末酱一起享用。

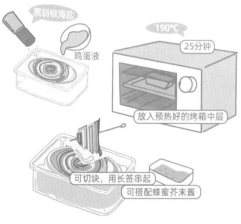

黑胡椒海盐
190℃
25分钟
鸡蛋液
放入预热好的烤箱中层
可切块，用长签串起
可搭配蜂蜜芥末酱

B盒

❶ 迷你土豆切块，手指萝卜削皮。

❷ 烤盘上铺一层锡纸，刷上橄榄油，放上迷你土豆、手指萝卜和蘑菇，撒上普罗旺斯草本香料、三色胡椒和海盐，放上1支迷迭香，再淋上少许橄榄油。

❸ 放入预热好上下火190℃的烤箱中层烤25分钟，烤好后装入便当盒，再放入1支新鲜迷迭香做点缀。

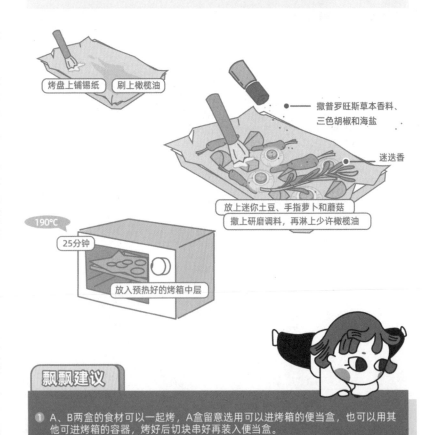

烤盘上铺锡纸　刷上橄榄油

撒普罗旺斯草本香料、三色胡椒和海盐

迷迭香

190℃

25分钟

放上迷你土豆、手指萝卜和蘑菇

撒上研磨调料，再淋上少许橄榄油

放入预热好的烤箱中层

飘飘建议

❶ A、B两盒的食材可以一起烤，A盒留意选用可以进烤箱的便当盒，也可以用其他可进烤箱的容器，烤好后切块串好再装入便当盒。

❷ 栉瓜可以替换成黄瓜、云南小瓜、茄子等。

×_○

植物的力量

×_○

蔬菜烤串

芝士虾仁馄饨杯

✂ 食材

馄饨皮 24张　**虾仁** 12只55克　**马苏里拉芝士碎** 20克　**玉米粒** 55克　**青豆仁** 30克
胡萝卜 5克　**鸡蛋** 2颗　**盐** 0.4克　**植物油** 2克

目 步骤

虾仁+盐　　　　鸡蛋+水+盐

① 虾仁用0.1克盐腌制5
　分钟，鸡蛋加20毫升
　水和盐打散成蛋液，
　胡萝卜切碎。

腌制5分钟　　打散成蛋液　　胡萝卜切碎

② 蛋糕12连模刷一层油，
　每格放入两张馄饨皮
　做成杯子形状，放入
　玉米粒、青豆仁、胡
　萝卜碎、虾仁、蛋液、
　芝士碎，放入180℃
　预热好的烤箱中层，
　烤12分钟。

12连模刷一层油

每个格子放入两张馄饨皮

180℃

放入玉米粒、青豆仁、胡萝卜碎

12分钟

还有虾仁、蛋液、芝士碎

放入预热好的烤箱中层

飘飘建议

① 模具的底部、四周和顶部都刷一层油，避免馄饨皮粘
　在模具上不方便取出。

② 单独吃就很美味，也可以在便当盒里准备一小盒番茄酱，享用时蘸酱吃。

③ 芝士碎是可选项，增加了奶香，不放也可以。

迷你三文鱼吐司比萨

准备时间： 10分钟
烹饪时间： 20分钟

参考热量 344kcal/16个

吐司 4片 三文鱼 35克 马苏里拉芝士碎 50克 玉米粒 10克 青豆仁 15克

罗勒番茄酱 25克 黑胡椒海盐 适量

步骤

① 三文鱼切丁，研磨适量黑胡椒海盐，腌制备用。

三文鱼切丁，腌制备用

② 吐司去边，用擀面杖压扁，用模具切出花朵形状，1片吐司可以切出来4个花朵。

吐司去边

用擀面杖压扁

③ 玉米粒和青豆仁放微波炉用中高火热40秒，滤干水分备用。

用模具切出花朵形状

④ 在吐司上刷一层罗勒番茄酱，放一层马苏里拉芝士碎，依次放三文鱼、玉米粒、青豆仁，再撒上一层马苏里拉芝士碎，研磨适量黑胡椒海盐，放入预热好200℃的烤箱中层，烤8分钟后取出装盒。

黑胡椒海盐

芝士碎
罗勒番茄酱
三文鱼块
青豆仁
玉米粒

飘飘建议

① 这道食谱用吐司代替比萨饼皮，免去了制作比萨饼皮的步骤，也可以用卷饼皮来代替。

② 三文鱼也可以换成培根、香肠、鸡肉等。

200℃

8分钟

放入预热好的烤箱中层

水果便当盒

274

猕猴桃	果冻橙	蓝莓	草莓	网纹瓜	黑莓
1颗约100克	100克	85克	6颗约80克	180克	30克

🗒 步骤

A盒

猕猴桃用 "V" 形雕花刀切出花瓣状，果冻橙切圆片后改切成半圆形，和蓝莓一起装盒。

猕猴桃

果冻橙

B盒

草莓去蒂，用刀切成爱心形状；网纹瓜切两片约1厘米厚度的圆片，用模具刻出五角星和花朵，剩下的网纹瓜用挖球工具挖成球形，和黑莓一起装盒。

草莓

网纹瓜

第三章

03

没那么难！
跟美食达人学做便当！

便当交流会

邀请4位好朋友
一起分享灵魂便当故事

@ ChargeWu

简单易做
搭配均衡
好看好吃

@ Pan小月

@ 膳叔

跟我一起快乐减脂吧!

@ 的欢—gladys

宝宝的健康便当也是妈妈的健身餐

25%
高蛋白

碳水化合物
25%

50%
蔬菜

用卡通可爱餐具、小动物造型增加趣味性。

279

的欢—gladys

11:24　来自 变了个当超话

宝宝的便当做多了，
你会发现"宝宝的健康便当=妈妈的健康餐"。

的欢—gladys

- 复旦大学上海视觉学院视觉传达设计专业
- ACE(美国运动委员会)国际认证教练
- ACE 女性训练专家(产前产后认证)
- 百万粉丝健身博主

大家好，我是的欢，

今年是我健身的第6年啦!

记得第一次自制便当，

那时刚开始健身，

每天还在朝九晚六地工作。

意识到健康饮食的重要性后，

我买了人生中第一个便当盒，

开启我的工作日自带健身餐之旅，

并学习着如何健康吃。

我的便当故事

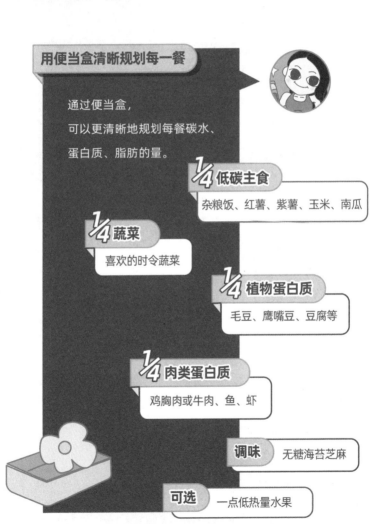

用便当盒清晰规划每一餐

通过便当盒，
可以更清晰地规划每餐碳水、
蛋白质、脂肪的量。

1/4 低碳主食

杂粮饭、红薯、紫薯、玉米、南瓜

1/4 蔬菜

喜欢的时令蔬菜

1/4 植物蛋白质

毛豆、鹰嘴豆、豆腐等

1/4 肉类蛋白质

鸡胸肉或牛肉、鱼、虾

调味 无糖海苔芝麻

可选 一点低热量水果

吃食物本身的颜色

制作健身便当时，我喜欢吃食物本身的颜色，少加工，轻烹饪。我一般会选择水煮或用少许橄榄油烹饪，加一些黑胡椒或海苔芝麻调味。

像做海报一样做便当

大家总说我的健康餐颜值很高。因为我的专业是视觉传达设计，自制便当时，我在脑海里总会把食物和食材看成视觉图形图案去搭配，就像在做一幅海报一样。

它们并不是单纯的食物，食物的原型和本身的色彩，都是和大家沟通的视觉语言。我在家里积攒了很多不同造型和颜色的便当盒，用有仪式感的便当盒，装满喜欢的食物。

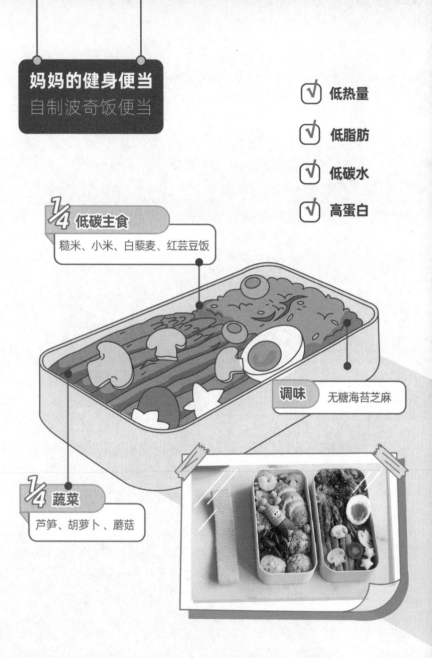

妈妈的健身便当
自制波奇饭便当

☑ 低热量

☑ 低脂肪

☑ 低碳水

☑ 高蛋白

¼ 低碳主食
糙米、小米、白藜麦、红芸豆饭

调味 无糖海苔芝麻

¼ 蔬菜
芦笋、胡萝卜、蘑菇

水果

蓝莓+半个牛油果（优质脂肪和蛋白质）

¼ 植物蛋白质

毛豆、鹰嘴豆、红芸豆

¼ 肉类蛋白质

玉米、西蓝花、鸡胸肉丸,
金枪鱼、虾仁、半个溏心蛋

宝宝的童趣便当

小大人的想象力盛宴

童趣造型：无糖酸奶+全麦吐司

无糖酸奶用卡通造型小盒子装好，搭配无糖无添加谷物星星。

全麦吐司用卡通模具压成海豚的形状。

蔬果：毛豆、西蓝花和蓝莓

＋虾仁炒蛋

主食：番茄牛肉意大利面

准备1份牛肉和1份番茄，都切成适合入口的大小，用少许橄榄油翻炒至牛肉断生，加入番茄炒至出汁，最后浇到煮好的意面上，混合即可。

配菜：玉米、西蓝花、鸡胸肉丸等

准备1份鸡胸肉、1/2份西蓝花、1/2份玉米粒和1/2份胡萝卜，鸡胸肉切块，蔬菜也处理成方便打碎的大小，所有食材一起放入搅拌机打匀，用手团成大小一致的鸡肉丸，无油蒸15分钟，搞定！

宝宝的 = 妈妈的

宝宝的便当做多了，你会发现"宝宝的健康便当=妈妈的健康餐"，

每份少量多种类，可以和妈妈的健身便当选择相同食材。

宝宝每天的食欲、喜好都有变化，我家恺恺就属于挑食的宝宝，

喜欢尝试新鲜的食物，会被有趣的事物吸引。

所以我会用卡通可爱餐具、小动物造型增加趣味性。

好抓握的手指食物、饭团肉类组合成宝宝便当也很棒。

不爱吃蔬菜的你也会爱的果蔬汁

补充每天所需膳食纤维和维生素C

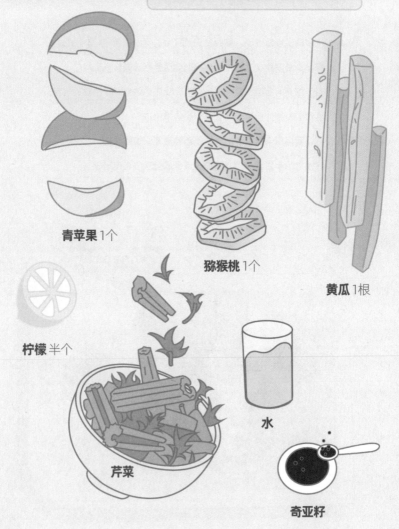

青苹果1个

猕猴桃1个

黄瓜1根

柠檬半个

芹菜

水

奇亚籽

小贴士 青苹果和猕猴桃的热量很低，芹菜带叶子一起榨汁，膳食纤维能更好保留。奇亚籽帮助我们增加饱腹感，下午加餐喝一杯，或者作为早餐之一都是很好的选择。

Pan小月

11:24　　来自 变了个当超话

烹饪方法力求极简，争取又快又好吃。

777　　　94　　　2311

Pan小月

- 美食博主
- 食谱书作者
- 下厨房App前主编

我的便当故事与备餐心得

在过去10年的"社畜"生涯中,我有好几年都是自己带饭的。最懒惰的时候,我试过只带一盒米饭,拆一个便利店买的大鸡腿,再加一包同样在便利店买的泡菜、水果小黄瓜,装进饭盒也是看起来颇像样的一顿。更多时候,我还是对自己有些要求,会做很好看的便当。

也许有人会问,哪里来的时间呢?其实我的便当虽然看起来复杂,但做起来都是很快的。以快炒为主,调味也很精简。至于"看起来复杂",倒不如说只是因为注意了色彩搭配。

而且我常常在深夜做第二天的便当，这对我来说其实就是转换头脑和休息的时刻。深沉夜色里亮着暖黄色灯光的厨房，是我最喜欢的场景。

跟大家分享一些我的便当心得吧！

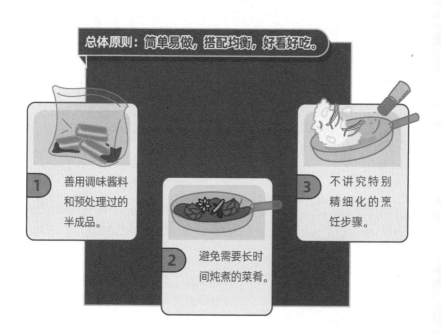

总体原则：简单易做，搭配均衡，好看好吃。

1 善用调味酱料和预处理过的半成品。

2 避免需要长时间炖煮的菜肴。

3 不讲究特别精细化的烹饪步骤。

我的便当小贴士

搭配公式

肉类主菜+清爽配菜+低GI主食。

可选增加：鸡蛋+小番茄
（起到色彩点缀、填补空隙的作用）

烹饪方法力求极简，争取又快又好吃

肉类 充分利用市售调味酱，腌制后煎或烤。可以利用周末集中备餐，分别腌制后分成小份冷冻。提前规划一周便当菜。

配菜 水煮或清炒或蒸，简单调味。配菜尽量避免绿叶类，注意色彩搭配。只要饭盒中同时拥有红色、绿色、黄色，就会是一份非常令人有食欲的便当。

土豆、红薯、芋头等淀粉含量高的根茎类蔬菜，应视为主食。

我一周只煮一次米饭，通常是两种杂粮饭，煮好后分装冷冻起来，微波炉加热一下即可装入饭盒。

理论上来说早起现做最好，做不到的话就前一天晚上做好，装入饭盒冷藏。

如今我已经告别职场了，作为自由职业者的我不再需要做便当，但我也还是常常会怀念之前深夜做饭的日子，并继续把我拥有的十几个便当盒视为宝物收藏。

最后，如果你因为在这本书中看到了太多精致的便当而感到有压力，那么我想说，没有必要。每个人的情况不同，按你的喜好随心所欲带饭就好。祝你开心！

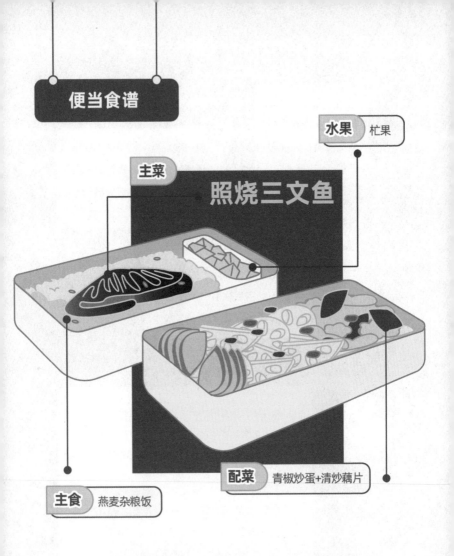

便当食谱

水果 杜果

主菜 照烧三文鱼

主食 燕麦杂粮饭

配菜 青椒炒蛋+清炒藕片

大米　燕麦　三文鱼　鸡蛋　藕　青椒　杜果

照烧汁　剁椒酱　干辣椒　葱花

Pan小月

步骤

01 三文鱼排用照烧汁抓揉均匀，装在密封袋中冷藏腌制过夜。无需其他调味品，腌入味后直接两面煎熟，就是一道特别适合便当的主菜。

02 提前煮好燕麦杂粮饭，燕麦和大米的比例为1:1即可。

03 鸡蛋打散，炒成块后，放入青椒片，翻炒均匀，撒盐调味，加一勺剁椒酱，更鲜美，也好看。

04 莲藕去皮切片后，可在醋水中浸泡片刻，有助于保持白色，不易氧化发黑。

05 葱花爆香，下藕片和干辣椒，快速翻炒，撒盐调味即可。

06 最后组装便当，装一小盒水果。菜量较少装不满饭盒时，我通常会用小番茄或者即食鸡胸肉等无须烹饪的食材填补空隙。

膳叔

11:24　　来自 变了个当超话

跟我一起快乐减脂吧!

膳叔

- 健食营社群创始人
- 一级公共营养师
- 全网粉丝超千万自媒体人
- 减脂与儿童营养美食书作家

我的便当故事与备餐心得

作为每天都在指导大家健康减脂的营养师，我的关注点容易落在每一份便当的营养模块分配上。便当通常是一份正餐，我会从减脂的角度，把正餐的饮食分成三大模块。

一大模块是碳水主食，包含谷物、薯类、薯芋类、干杂豆类以及它们的淀粉制品，比如面包、馒头、面条、芋圆、绿豆糕等。一大模块是高蛋白主菜，包含了禽畜肉、鱼虾贝、蛋奶以及大豆制品，比如腐竹、豆腐等。还有一大模块是多彩副菜，也可以称为蔬菜菌藻。

至于每个模块的份量，我们按下图这种双层便当盒来比对，碳水主食和高蛋白主菜差不多分别占半格，多彩副菜可以占整整一格。

碳水主食
25%

高蛋白主菜
25%

多彩副菜
50%

比如我这份减脂便当

碳水主食
杂粮饭：半格

多彩副菜
樱桃番茄：半格

高蛋白主菜
牛肉：半格

多彩副菜
芦笋蘑菇：半格

杂粮饭作为碳水主食占了半格；芦笋蘑菇炒牛肉占了一格，其中一半是牛肉，算在高蛋白主菜里；一半是芦笋蘑菇，算在多彩副菜，再加上半格樱桃番茄，多彩副菜加起来就占了一格。这样吃，营养全面、均衡且热量不容易超标，对健康减脂是相当有帮助的。

便当食谱

⏱ 总时长: 20分钟
(不含煮米饭时间)

● 芦笋 4根

瘦牛肉
80克

樱桃番茄
9颗

十谷杂粮米
65克

白蘑菇
5朵

调味

蚝油1平勺　生抽1平勺　料酒1平勺
研磨调味料适量　玉米淀粉1平勺

先将十谷杂粮米简单淘洗一遍，然后加1.8倍重量的水，放电饭煲快煮模式煮40分钟。因为这种米是益生菌发酵过的，所以不需要提前浸泡。若是普通的杂粮米，建议睡前直接放进电饭煲，预约快煮，睡觉的时候顺便就浸泡好了。

把瘦牛肉切成细条，用蚝油、生抽、料酒、调味料和玉米淀粉拌匀，腌制10分钟。

腌制牛肉的同时，把芦笋和白蘑菇洗净切好，芦笋记得切之前削去尾部的硬皮。顺便可以将樱桃番茄去蒂洗干净备用。

大火热锅，加少许油（建议高油酸葵花籽油或者高油酸花生油），将芦笋和白蘑菇下锅炒至断生后盛盘备用，一般两分钟足矣。

热锅内再加少许油，将腌制好的牛肉条下锅，炒至表面全部变色，然后将芦笋和白蘑菇一起翻炒，半分钟左右即可出锅。

将芦笋蘑菇炒牛肉整个装进其中一个便当盒内。

将煮好的杂粮饭装进另一个便当盒，用饭勺压实在一个半边，另一个半边放入9颗洗好的樱桃番茄。

ChargeWu

11:24　　来自 变了个当超话

便当星球 #我的颜值便当#

⎘ 777　　　💬 94　　　♡ 2311

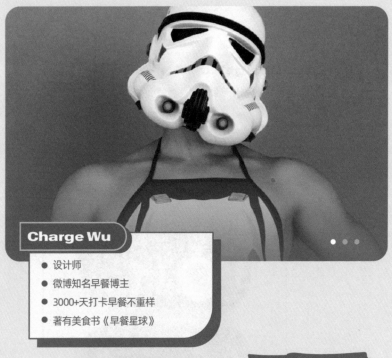

Charge Wu

- 设计师
- 微博知名早餐博主
- 3000+天打卡早餐不重样
- 著有美食书《早餐星球》

我的便当故事 与备餐心得

我在生活中不常遇到需要带便当的场景，但我还是很喜欢便当的展示形式。便当盒的大小和形状，已经提前给这顿饭规定了范围，在这个范围里既要考虑健康和美观，又不能因为放置时间过久而影响味道和口感，这就比在家吃饭多了些局限，也让做便当变成了一件非常有挑战的事。

我是做设计工作的，比较在意便当的颜值。即便有些家常菜装入便当盒后造型不太受控，我也会在色彩搭配方面多下点工夫。我觉得无论是自己还是家人，在打开便当的那一瞬间，都会因为视觉上的美好感受到满满的幸福与温馨。

Grilled Mackerel Bento

盐烤鲭鱼便当

如果处于减脂期，实在担心热量摄入，只要少吃鱼皮和腹部的肥肉即可。

盐烤鲭鱼不但含有丰富的蛋白质，还有较多的不饱和脂肪酸，是日料中经常出现的美味食材。

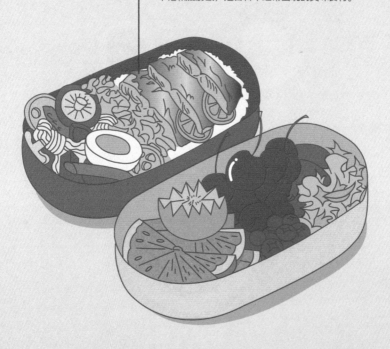

盐烤鲭鱼 ▶

米饭
100克

香松
10克

香松拌饭

eps

鲭鱼 150克

盐

柠檬汁

腌制15分钟以上
为方便放入便当盒，将鱼切3段

200℃

每面烤10分钟

烤盘锡纸上涂些油
防止鱼皮损破

烤前擦干鱼身水分
可以烤得更脆

311

木鱼花
10克

昆布
10克

煮10分钟后捞出食材留汤

胡萝卜
50克

莲藕
40克

芦笋
30克

香菇
30克

魔芋结
2个

小火煮20分钟左右
关火后焖久一些会更入味

日式煮物

盐烤鲭鱼便当

— ✕ —

第四章

04

灵魂便当制作小贴士

制作
省时技巧

储存与复热
技巧

便当盒
清洁技巧

便当雷区
16件不可以做的事

漏~

加载中......

查看

04

01

制作
省时技巧

像管理项目一样，管理你的"灵魂便当"。

作为每天工作量满满的创业人士，又是宝妈，我深谙节省时间与精力的重要性，以下几个"灵魂便当"制作省时技巧分享给你。

周一　周二　周三　周四　周五　周六　周日

✖ 第1步
提前做好一周便当计划

> 按照前文提到的营养搭配技巧，还可
> 以参考第六章中的"一周灵魂便当搭
> 配方案"，规划好未来一周食谱。

✖ 第2步
列清单集中采购

> 根据灵魂便当计划表，进一步区分
> 所需食材中哪些家里已经有了，哪
> 些需要购买。去一趟菜市场、超市，
> 或者通过同城买菜App一次搞定所
> 需食材，避免在便当制作过程中发
> 现缺三少四，既影响进度也影响心情。

✖ 第3步

整理厨房，备好器具

不要小看这个小步骤哦，花5分钟把做便当过程中需要的洗菜盆、盘子、厨具、分装袋等提前准备好，可以避免中途手忙脚乱，以便更高效地制作灵魂便当。

✖ 煮饭开始

5分钟
✖ 配菜

✖ 洗菜

15分钟
✖ 切菜

✖ 第4步

等待时长较长的事情排序靠前

先做等待时长最长的一件事情，然后在等待的时间里做其他事情。比如说电饭煲煮饭通常需要40分钟，我们可以先安排电饭煲煮饭，在等待饭熟的时间里做配菜、洗菜、切菜、炒菜等，同样的时间里，可以完成更多事情。

✖ 炒菜

40分钟
✖ 煮饭结束

02

储存与复热
技巧

便当存储与复热关系到便当的安全性，
请务必重视！

查看

推荐装盒存储步骤

第1步

饭盒洗净，
开水焯烫（尽量消灭细菌）。

第2步

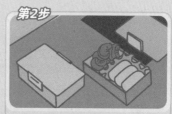

饭菜出锅就立刻、马上
装盒，并盖上盖子密封。

第3步-1

冰箱冷藏：也是立刻、马上放入
冰箱冷藏保存（浪费一点电，但
让食物更安全）。

第3步-2

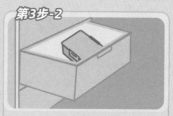

冰箱冷冻：前一天晚上做好的便当
直接冷冻,第二天早上可常温解冻或
到公司后放冰箱冷藏解冻。

小贴士

01 饭盒可以选带排气孔的，饭菜趁热装盒，随着温度降低，盒内的空
气受冷收缩造成负压，外面的细菌进不去；开盖时打开排气孔，便当
就可以轻松打开。

02 喜欢做晚餐时顺手把第二天的便当也一起做了的朋友看过来：一定
要做好后先装盒，不要等到吃剩了才装盒，以免细菌繁殖。

这些食物建议当天做当天食用

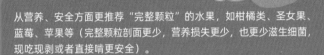

01 新鲜水果

从营养、安全方面更推荐"完整颗粒"的水果，如柑橘类、圣女果、蓝莓、苹果等（完整颗粒剖面更少，营养损失更少，也更少滋生细菌，现吃现剥或者直接啃更安全）。

如果要做果切拼盘：出门前再现切水果（水果切开后，放置时间越长，营养素损失越多），虽然食谱里很多水果是跟其他菜品放在一起的，但是也可以将水果用独立便当盒或保鲜盒盛放。

02 绿叶蔬菜

因为绿叶菜中的亚硝酸含量比较高，存放太久会在细菌的作用下转为亚硝酸盐影响健康，而且在烹饪时考虑到复热环节会影响口感，所以如果便当中要装绿叶蔬菜，建议这么做：

- 当天做当天食用，而且烹饪时尽量缩短绿叶蔬菜的烹饪时间。
- 选择一些相对"耐重复加热"的绿叶蔬菜，如芥蓝、菜心等。
- 带洗净的生蔬菜到公司，在公司进行简单焯烫；也可以在便当里放弃绿叶蔬菜这个选项，晚上回家再吃绿叶蔬菜。

03 冷食蔬菜沙拉

当天做当天食用更安全，营养损失也小。

带饭途中

让带饭好帮手来帮忙吧!

01 选择有保温效果的便当袋，对于存储来说，无论是保暖还是保冷都会更好，另外保温袋可选择防水防油面料，如果不慎渗漏也会好打理一些。

02 选择可以重复利用的冰袋——上班途中可有效降低细菌繁殖的速度。

03 抵达目的地后，若有冰箱，立即存放在冰箱中；若没有冰箱，多放一个冰袋吧!

享用便当之前，推荐使用微波炉或蒸箱彻底加热杀菌。

便当复热

微波炉

热菜：可参考中高火加热3~5分钟

800毫升：3~4分钟 1200毫升：4~5分钟

为了达到更好的加热效果，建议加热一分半钟的时候，将便当盒取出，搅拌食物后继续加热。

沙拉：
冷冷的沙拉或水果也想"温热"地食用，
可以用微波炉中火加热30~45秒。

- -

蒸箱　　热菜：约6分钟

不同品牌的微波炉、蒸箱，功率不同，每个便当盒
的热穿透性也不同，可以根据实际情况多测试一下，每次确保把饭菜热透哦！
不锈钢、铝制等金属便当盒，不建议用微波炉加热。

小贴士

01　关于保温饭盒

不是很推荐长时间插电加热保温，会让维生素流失更多，偶尔带饭可以这
样操作，如果是长期带饭就不建议啦！

02　便当里的水果要加热吗？

便当里如果有水果，在加热便当前可以先吃掉水果再进行加热（间接帮
助自己控制食量），也可以将水果取出，作为两餐间的加餐，再将便当
进行加热。

对于一些肠胃较弱的人来说，如果生吃水果会肠胃不舒服，不妨考虑将水
果和餐品一起加热后食用。虽然水果中的部分维生素会流失，但是水果里
的抗氧化成分可以得到更多释放。

当然了，也可以多备一个小便当盒来装水果，就没有这个烦恼了。

03

便当盒
清洁技巧

想健康地使用便当,
首先要做好清洁哦!

查看

一□×

♡　清洗便当盒工具选择

适宜选用柔软的海绵、纱布等清洁工具，加上中性洗涤剂清洗，请勿使用粗糙的尼龙百洁布、金属钢丝球等坚硬材质的碗刷，以免在清洗过程中造成便当盒表面刮伤或破损。

首次使用的便当盒清洁方式　♡

1. 用温水和温和的洗涤剂清洗，让洗涤剂溶液在便当盒中静置5分钟。

2. 倒掉溶液，用温水彻底清洗干净便当盒。

♡　每次使用便当盒后的清洁方式

尽快用含洗涤剂的热水清洗，用热水漂洗干净后，立刻用软布擦干，防止水渍形成。

—□×

♡　**如果出现轻微染色的情况**

将染色的便当盒浸泡在有**肥皂和小苏打**的温水中，2~3小时后再进行清洗。

用洗碗机进行清洗时　♡

1. 先查阅说明书，鉴别所购买的便当盒产品是否适用于洗碗机，按说明书进行操作。

2. 使用洗碗机清洗时要尽量远离洗碗机加热器，防止便当盒变形。

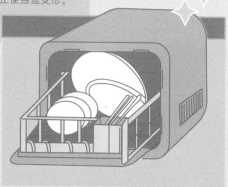

16 件不可以做的事！

查看

01

使用塑料便当盒时，**不能用微波炉加热空的便当盒**，以免造成变形。

02

便当盒的盖子在很多情况下会与便当盒本身的材质不一致，不一定能放入微波炉或烤箱中加热，要**特别留意便当盒说明书**。

03

使用不锈钢材质的便当盒时，**不锈钢内胆注意勿置于微波炉中**。

04

无论是使用塑料便当盒、玻璃便当盒还是不锈钢便当盒，**都要留意不靠近火源或高温发热体**，以免造成便当盒损伤或者被高温烫伤。

05

请勿过度加热便当，否则不仅会让便当口感变差，而且容易造成便当盒损坏。使用改性PCT（三苯甲烷共聚酯）材质的便当盒时，温度没控制好的话，很容易造成变形，使用温度超过100℃或者使用微波炉里的光波或烧烤功能，可能会使产品出现破损。

不行！

💗 参考温度范围 💗

材质	温度范围（℃）
PBT(聚对苯二甲酸丁二醇酯)材质便当盒	-20~120
改性PCT材质便当盒	-20~100
高硼硅玻璃材质便当盒	-20~400
陶瓷材质便当盒	230
不锈钢材质便当盒	-20~400

06

便当盒加热后，不要心急拿取，防止烫伤。

07

不要随便把便当盒放入烤箱中使用，关于是否可以用烤箱加热，要仔细查阅说明书。

08

在加热玻璃便当盒且其尚未降温时，切勿使用湿抹布或将其放置于湿的地方，玻璃会由于个别部位急速冷却，超出耐热温差范围而产生破损。

09

玻璃便当盒冷冻后直接放入预热后的烤箱中加热会导致玻璃破损，**请解冻后再加热。**

10

液体食物冷冻时体积可能会由于膨胀施予便当盒压力，容易导致便当盒破损，使用玻璃材质冷冻液体食物要尤其小心。**避免使用玻璃材质的便当盒冷冻汤、粥等。**

11

使用微波炉加热油分很多的食品时，要取下便当盒盖子，以免油温加热过高导致盖子融化。

12

便当盒的密封性不如保鲜盒，不宜使用便当盒长期存储食物。

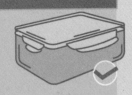

13

携带一些汤水较多的食物时，要特别注意将便当盒放正，不要倾斜。如果便当盒密封性没有那么好，那么**不建议盛装汤水较多的食物**。

14

如果玻璃便当盒上**有裂痕、缺口或较深的划痕时**，安全起见**最好不要使用**，以免在使用中突然破损，划伤自己。

15

移动或拿取便当盒时，不要直接拿容器盖，以免造成便当盒脱落。

16

请勿使用勺子等硬物用力敲打、撞击便当盒，以免造成表面划伤乃至破损。

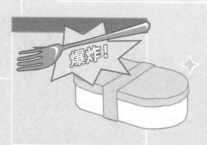

爆炸！

第五章

05

"灵魂便当加分项"

7款灵魂调味汁

调味是烹饪的核心步骤。
在第一章中,
我们已经介绍过了家里常备基础调味料、
进阶版复合调味料,
在这里,我们将分享7款不失手的灵魂调味汁,
为好吃加分。

7款灵魂调味汁

为好吃加分！

01 万能中式凉拌汁

蒜蓉 5克

熟花生碎 5克

生抽 30克

白米醋 30克

小磨香油 3克

蚝油 5克

细砂糖 5克

可以用它拌一切!

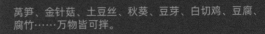

莴笋、金针菇、土豆丝、秋葵、豆芽、白切鸡、豆腐、腐竹……万物皆可拌。

萨瓦迪卡!

蘸海鲜、蘸泰式春卷……
清爽开胃!

02 柠檬辣椒泰式蘸汁

鱼露 20克

青柠檬汁 15克

黄柠檬汁 15克

青柠檬角 10克

细砂糖 6克

小米椒 1克

香茅油醋汁

南姜片 5克

香茅 2克

蒜片 1.5克

柠檬叶 1克

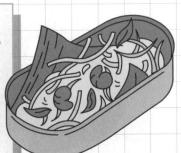

今天拌个东南亚沙拉吧！
青木瓜、青杧果、虾仁、
粉丝等都很搭。

小米辣 1克

东南亚香料齐聚

白米醋 40克

鱼露 3克

橄榄油 3克

法兰西风情

扑面而来的法兰西风情，酸甜可口。
尤其适合拌西式冷食沙拉，加入火箭菜、苦菊、菊苣……

04 **地中海油醋汁**

红酒醋 30克

第戎芥末 10克

蜂蜜 7克

橄榄油 3克

普罗旺斯草本香料 少许

黑胡椒碎 少许

以蛋黄酱为基底，调制出千变万化的浓稠酱汁。
便当里有饭团、三明治、汉堡、炸物等，都能用上它。

05 韩式蛋黄酱

醇厚的蛋黄酱为基底，
融入丝丝辣味。

蛋黄酱 50克   韩式辣酱 5克

06 蜂蜜芥末酱

甜味与芥末风味平衡，
口感细腻，柔和清新。

蛋黄酱 50克   第戎芥末酱 15克

苹果醋 5克   蜂蜜 5克

07 酸黄瓜塔塔酱

开胃的酸黄瓜,
搭配鱼排等炸物,风味一流。

酸黄瓜（切碎）15克

洋葱（切碎）5克

蛋黄酱 50克

小贴士

以上7款酱汁配方仅为参考比例,
请按实际需求量调整食材用量。

我们经常会提前一个晚上准备第二天的便当，
不妨就用晚上时间，
腌渍一份能让胃口大开的"浅渍凉菜"吧。
一次性做上2~3天的量，密封存储在冰箱里冷藏，
每天吃便当时都能享受到蔬菜的鲜嫩脆爽，
一口唤醒味蕾，进入美味便当模式。

紫苏莳萝渍黄瓜

酸甜爽脆

✂ 食材

水果黄瓜 200克

洋葱 30克

紫苏叶 4克

小米辣 2克

莳萝碎 0.5克

苹果醋 150克

凉开水 20毫升

细砂糖 15克

盐 6克

352

❶ 水果黄瓜切薄片，加入盐抓匀，静置30分钟，腌制出水后倒掉汁水，用纯净水（食材外）冲洗两遍把盐分洗掉，攥干水分。

黄瓜切薄片

静置30分钟

腌制出水后倒掉汁水

用纯净水把盐分洗掉

❷ 洋葱切薄片，小米辣切圈，紫苏叶掰成小片。

洋葱切薄片

小米辣切圈

紫苏叶掰成小片

❸ **调制腌渍汁：**
凉开水中加入苹果醋、细砂糖、莳萝碎、紫苏片、小米辣，搅拌均匀。

放入调味，搅拌均匀

❹ 水果黄瓜片和洋葱片放入密封盒中，倒入调好的腌渍汁，密封好放入冰箱冷藏腌渍过夜，第二天倒掉汁水，取部分腌渍好的黄瓜与洋葱装入便当盒即可。

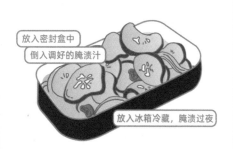
放入密封盒中
倒入调好的腌渍汁
放入冰箱冷藏，腌渍过夜

脆腌包菜

胃口大开

🍴 食材

包菜 300克

小米辣 5克

细砂糖 25克

苹果醋 250克

柠檬 半颗

盐 8克

❶ 包菜切成条状，加入盐抓匀，静置30分钟后把渗出的汁水倒掉，装进保鲜盒中，用纯净水冲洗两遍，攥干水分后放入密封盒中。

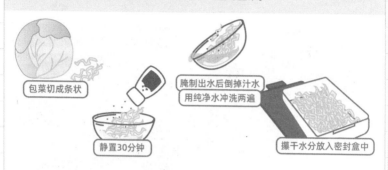

包菜切成条状

静置30分钟

腌制出水后倒掉汁水
用纯净水冲洗两遍

攥干水分放入密封盒中

❷ 小米辣切段，柠檬先挤出柠檬汁后切成角，一起放入密封盒中。

小米辣切段

挤出柠檬汁后切成角

放入密封盒中

❸ 细砂糖加入苹果醋中，搅拌至融化，加入步骤2的柠檬汁，混合均匀后倒入包菜中，密封好放入冰箱冷藏腌渍过夜，第二天倒掉汁水，取部分腌渍好的包菜装入便当盒即可。

苹果醋

搅拌均匀

放入密封盒中

冷藏过夜

03 薄荷风琴樱桃萝卜

一口一个

樱桃萝卜 250克

柠檬 1颗

白米醋 250克

细砂糖 50克

盐 2克

薄荷 10片

❶ 樱桃萝卜洗净后擦干水
分，切薄片（不切断），
呈现风琴状（切的时候
可以在樱桃萝卜两侧放
上筷子做辅助）备用，
柠檬取半颗切薄片。

以筷子辅助切薄片（不切断）

柠檬切薄片

❷ **调制腌渍汁：**
在白米醋里倒入细砂
糖、盐，搅拌融化，
挤入半颗柠檬汁。

白米醋

调制腌渍汁

❸ 樱桃萝卜和柠檬片放入密封盒中，倒入腌渍汁，放入薄荷叶，密封好放
入冰箱冷藏腌渍过夜，第二天倒掉汁水，取部分腌渍好的樱桃萝卜装入
便当盒。

倒入腌渍汁，放入薄荷
冷藏过夜

第二天倒掉汁水

取部分腌渍好的樱桃萝卜，装入便当盒

彩虹蔬果

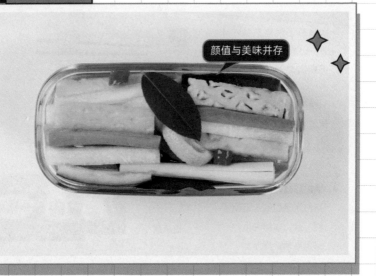

颜值与美味并存

🍴 食材

白萝卜 200克

胡萝卜 100克

水果黄瓜 100克

菠萝 100克

小米辣 5克

柠檬 半颗

香茅 7克

柠檬叶 5片

白米醋 250克

凉开水 70毫升

细砂糖 30克

盐 8克

❶ 白萝卜、胡萝卜、水果黄瓜、菠萝分别切成条状，小米辣切段，柠檬挤汁后切成片状。

把食材切成条状

小米辣切段

挤出柠檬汁后切成片状

❷ 白萝卜、胡萝卜、水果黄瓜条放入盆中，加入盐抓匀，静置30分钟后把渗出的汁水倒掉，用纯净水（食材外）冲洗两遍，然后和菠萝一起放入保鲜盒中。

将食材放入盒中

加入盐抓匀

静置30分钟后，把渗出的汁水倒掉

用纯净水冲洗两遍

和菠萝一起放入保鲜盒中

❸ **调制腌渍汁：** 凉开水里加入白米醋、柠檬汁（步骤1）、细砂糖、小米辣、香茅段、柠檬叶、柠檬片，倒入步骤2的蔬果中，密封好放入冰箱冷藏腌渍过夜，第二天倒掉汁水，取部分腌渍好的蔬果装入便当盒即可。

凉白开

将调好的腌制汁倒入蔬果中

冷藏过夜

05 梅渍双色番茄

🍴 食材

双色圣女果 350克

青金橘 50克

话梅饼 25克

冰糖 40克

柠檬 半颗

凉开水 800毫升

❶ 锅中放入800毫升凉开水，加入冰糖和话梅饼，开火煮至冰糖融化，关火晾凉。

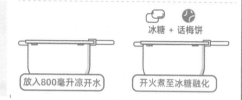

冰糖 + 话梅饼

放入800毫升凉开水　　开火煮至冰糖融化

❷ 圣女果洗净，顶部划十字刀，放入沸水中烫20秒左右，捞出放入冰水中，去皮。

划十字

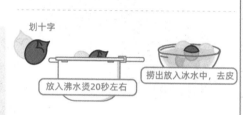

放入沸水烫20秒左右　　捞出放入冰水中，去皮

❸ 青金橘切成两瓣，柠檬切片。

青金橘切成两瓣

柠檬切片

❹ 将去皮的圣女果和切好的青金橘、柠檬片放入干净无水的密封盒中，倒入冷却好的冰糖话梅水，放入冰箱冷藏过夜，第二天倒掉汁水装入便当盒即可。

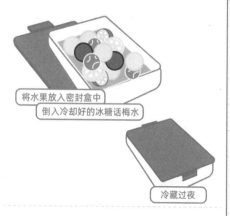

将水果放入密封盒中
倒入冷却好的冰糖话梅水

冷藏过夜

酸辣海带

超下饭！

海带花头用的是新鲜的，也可以用干海带泡发。建议选择较厚的海带，口感更好。

✖ 食材

新鲜海带花头 400克

大蒜 25克

杭椒 20克

小米辣 10克

生姜 10克

陈醋 150克

白米醋 50克

生抽 100克

蚝油 30克

❶ 水烧开后放入海带花头，中大火煮5分钟（无需盖锅盖），煮好后捞起过一遍凉开水，控干水分备用。

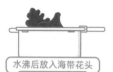

水沸后放入海带花头
中大火煮5分钟

过凉开水，控干水分备用

❷ **调制腌渍汁：**
陈醋、白米醋、生抽、蚝油搅拌均匀。

调制腌渍汁

❸ 大蒜切片，生姜切碎，杭椒切段、小米辣切圈，和海带花头一起放入密封盒中，倒入调好的腌渍汁，密封好放入冰箱冷藏腌渍过夜，第二天倒掉汁水，取部分腌渍好的海带装入便当盒即可。

大蒜切片

生姜切碎

杭椒切段

小米辣切圈

倒入调好的腌渍汁

冷藏过夜

小贴士 这6道食谱中的腌渍汁食材比例仅供参考，可以根据自己的口味喜好调节：

◆ 喜欢更酸的，增加醋的用量；喜欢更甜的，增加细砂糖的用量。

◆ 如果浸渍时间较长，建议减少醋的用量，或增加凉开水的用量。

◆ 作为便当开胃小菜，酸度较高，肠胃较弱的小伙伴留意不要一次性吃太多哦！

棒！

实例讲解
如何把便当做得好看迷人？

王尔德说："只有肤浅的人，才不会以貌取人。"

不管我们承不承认，"好看"是我们天生的、最原始的需求之一。

当我们要享用一份便当时，

视觉感受总是会勤快地跑在嗅觉和味觉的前面。

所以啊，不应该也不需要在"好看"和"好吃"之间做取舍，

我们全都要。

棒！

来吧，

我们来探讨如何在便当制作过程中稍加用心，

就能让便当的颜值得到大幅度提升的技巧。

善用颜色搭配技巧　　　　　　　　　 ─ ▢ ✕

> 在便当搭配时经常用到的颜色搭配技巧有以下这些，可以选取一种或者多种技巧进行混搭，探索自己的偏好。

同色协调

在便当搭配时选取一个主要的颜色，整盒便当的餐品都以同种色系做搭配设计。

五彩缤纷

越多的颜色代表着越丰富的营养素，让便当"热闹"起来吧！

颜色对比

冷暖、深浅等对比色互相搭配，让便当变得主动活泼。便当里常用到的有橙色系、黄色系、红色系食物和绿色系的对比搭配，白色系食物和各种深色系食物的对比搭配。

颜色呼应

尤其适合多个便当盒一起使用时，在不同的便当里分别有一份某种色系的食物，可以让整份便当在视觉上更具整体性。

●●●● **同色协调**
橙黄色系集合!

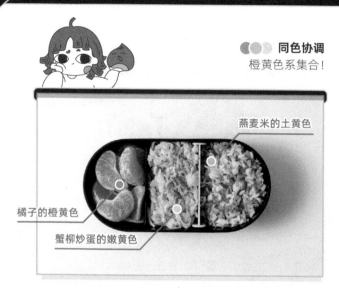

燕麦米的土黄色

橘子的橙黄色

蟹柳炒蛋的嫩黄色

●●●● **五彩缤纷**
除了好看,还意味着营养价值丰富。

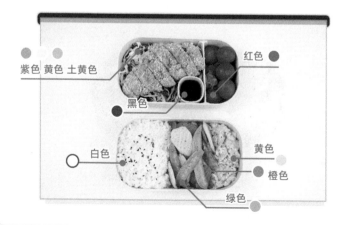

紫色 黄色 土黄色

红色 ●

黑色 ●

白色 ○

黄色

橙色 ●

绿色 ●

◖● 颜色对比

橙子片的鲜橙色 **VS** 羽衣甘蓝的深绿色

西芹段的浅绿色 **VS** 羽衣甘蓝的深绿色

紫薯的紫色 **VS** 玉米粒/鸡排/姜蓉的黄色

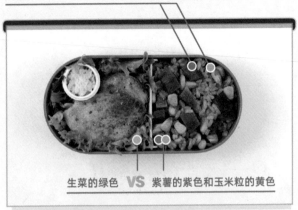

生菜的绿色 **VS** 紫薯的紫色和玉米粒的黄色

─□×

● ● 颜色对比　● ● 颜色呼应

对比鲜明

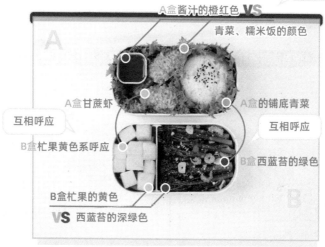

A盒酱汁的橙红色 **VS**

青菜、糯米饭的颜色

A盒甘蔗虾

A盒的铺底青菜

互相呼应

B盒杞果黄色系呼应

互相呼应

B盒西蓝苔的绿色

B盒杞果的黄色

VS 西蓝苔的深绿色

对比鲜明

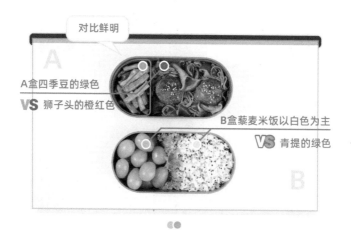

A盒四季豆的绿色

VS 狮子头的橙红色

B盒藜麦米饭以白色为主

VS 青提的绿色

● ●
A盒的四季豆和B盒的青提、青菜形成绿色呼应

369

别担心，这里的摆盘不需要像法餐摆盘那么高精尖，只要在往便当盒里装食物的时候，下意识调整就可以做到。

便当造型法则 **1**

冷静派：齐齐整整，秩序美感

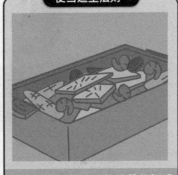

便当造型法则 **2**

热情派：最喜欢一锅端的热闹感

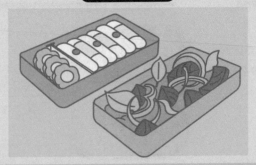

便当造型法则 **3**

双面派：凌乱与齐整并行，强化便当节奏感

✿ 冷静派 ・・・・・・・・・・・・・・・ 齐齐整整，秩序美感

整整齐齐的蔬菜!

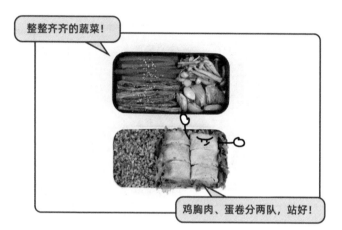

鸡胸肉、蛋卷分两队，站好!

这瓣桃子掉队了

腐竹们别倒下

肋排一起比高高

一口✕

✿ 双面派 - - - - - - - - - - 凌乱与齐整并行，强化便当节奏感

冷静派:齐齐整整，秩序美感

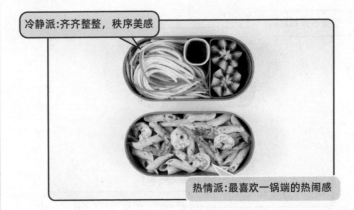

热情派:最喜欢一锅端的热闹感

热情派

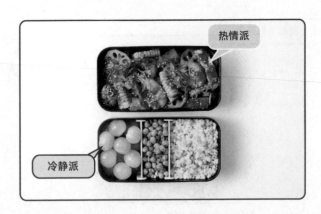

冷静派

- - - 双面派，融会贯通说的就是我!

372

事半功倍，打破便当沉闷感的点睛之笔　　一口✕

加一点能打破沉闷的小食物，类似白芝麻粒、黑芝麻粒、辣椒圈、辣椒丝、小葱、香菜、研磨香料、新鲜或干制的香草、柠檬角、柠檬皮屑等，让便当分分钟灵动起来！

对了，别忘了生菜，既能当便当分隔，又是氛围感神器，在它的衬托下，便当盒里的食物看起来更好吃。

黑芝麻粒

白芝麻粒/辣椒圈

欧芹碎

迷迭香/柠檬角

番茄酱

无处不在的生菜

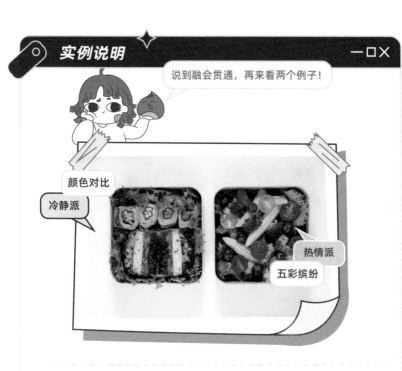

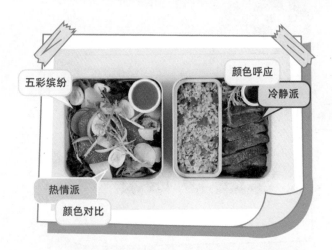

五彩缤纷

颜色呼应

冷静派

热情派

颜色对比

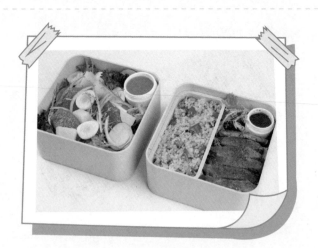

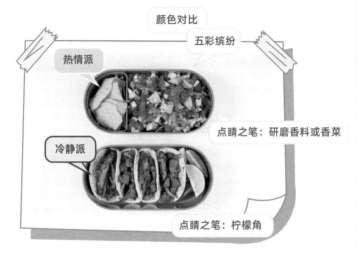

颜色对比

五彩缤纷

热情派

点睛之笔：研磨香料或香菜

冷静派

点睛之笔：柠檬角

行动起来！

在便当盒里尽情呈现食物的色泽、肌理、造型……唤醒隐藏在体内的艺术细胞们。

第六章

一周计划

行动吧！
开始你的一周灵魂便当计划

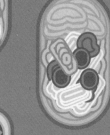

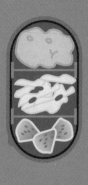

一周灵魂便当

4组搭配方案，
来收集灵感吧！

A 计划

周一	周二	周三	周四	周五	周六	周日
		1	2	3	4	5
6	7	8	9	10	11	12
13	14	15	16	17	18	19
20	21	22	23	24	25	26
27	28	29	30			

2022.06

特意多煮了一些米饭，
这样就可以做好吃的
耳光虾仁炒饭便当啦！
→P072

Fri 周五

周末两天都有约会，今天
悠着点，来份简简单单的
便当！

→P136

周六

出门跟朋友约饭啦～♡

为今天的野餐
准备一份炸天妇罗！快夸我！

Sun 周日

野餐

→P262

383

 **B 计划**

周日晚上煮的绿咖喱鸡，分装一份当周一的午餐便当刚刚好！

 周一 绿咖喱鸡便当 →P088

周二 墨西哥猪肉迷你塔可便当

 周三 菠萝咕咾肉黑米饭便当 超爱

 周四 柠檬酸辣手撕鸡 红豆饭便当

周五 茄汁三文鱼意面便当

周六 面包超人热压三明治&小食便当

周日 今天是家庭日，和家里人外出约会啦！

下午要去合作公司拜访，来份咕咾肉便当吧，吃饱才有力气干活！

传说中的塔可星期二！

→P100

→P172

384

周一	周二	周三	周四	周五	周六	周日
		1	2	3	4	5
6	7	8	9	10	11	12
13	14	15	16	17	18	19
20	21	22	23	24	25	26
27	28	29	30			

2022.06

今天想吃能让胃口大开的柠檬手撕鸡!

Fri 周五

好久没吃意大利面啦!来份茄汁三文鱼意面便当如何?

→P132

Thur 周四

→P146

小朋友的游园会,为他准备一盒有意思的便当吧!

三明治机

Sat 周六

啾↗

玉子烧锅

→P216

385

C 计划

MON 周一

新的一周开始啦！
来份元气满满的便当！

→P186

TUE 周二

开胃的金汤酸辣龙利鱼便当！

→P182

Wed 周三

想到我的便当，
就很期待中午的到来！

→P178

Thur 周四

美味又吃不胖的
海鲜魔芋面便当来啦！

→P126

Fri 周五

中午有会议，来份可以方便享用的
欧包三明治便当吧！

→P148

Sat 周六

日期

周一	周二	周三	周四	周五	周六	周日
		1	2	3	4	5
6	7	8	9	10	11	12
13	14	15	16	17	18	19
20	21	22	23	24	25	26
27	28	29	30			

2022.06

今天在家休息，给自己做早午餐啦！

Sun 周日

今天在小美家喝下午茶聚会，我准备了小清新蛋糕！

可爱～♡

→P246

D 计划

→P078

美味的蛋包饭
开启新一周的便当时光!

MON 周一

TUe 周二

晚上要加班,
准备了一份快
乐串串便当!
分享给队友们
吃!

→P106

Wed 周三

→P080

下午上班的动力
是奶汁虾仁意面给的!

周一	三文鱼蛋包饭便当
周二	快乐加班串串便当
周三	奶汁虾仁意面便当

今天想要可可爱爱，就来份手鞠寿司便当吧！

→P224

周四 手鞠寿司

周五 黑椒肋排杂粮便当

棒！

本周工作快接近尾声了，犒劳下辛苦了一周的自己！

Fri 周五

→P166

今天带小朋友去野餐，给他准备一份动物腐皮饭团便当吧！

周六 动物游园会迷你腐皮饭团

周日 彩虹蔬果

Sat 周六

今天在家，做一份腌渍蔬果！下周的便当就有爽脆的渍菜吃啦！

Sun 周日

→P204

→P358

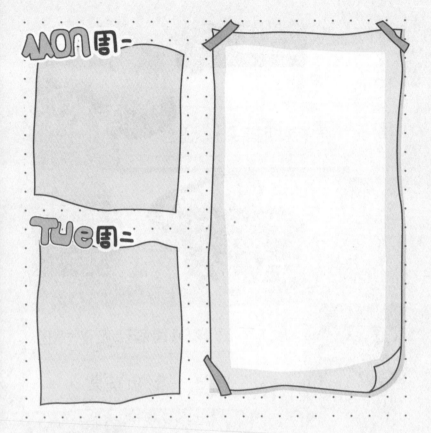

MON 周一

TUE 周二

Wed 周三

Thur 周四

Fri 周五

Sat 周六

Sun 周日

	周一	周二	周三

月份

周四	周五	周六	周日

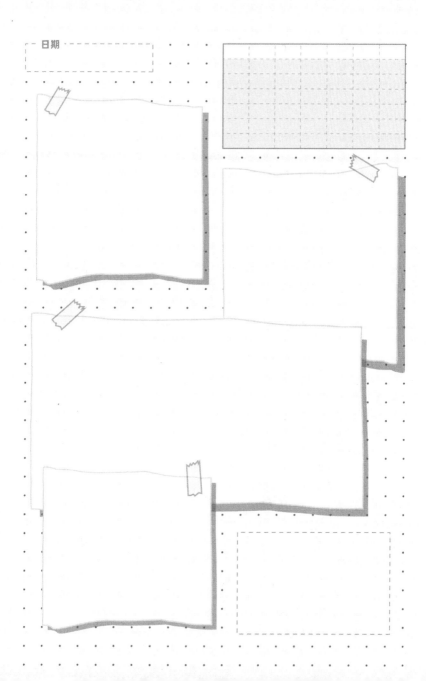

一些感谢

—— 感谢我们团队的小伙伴——书籍发行张睿、插画师蒋雪诚、书籍企划林星云、食谱协助制作陈嘉丽、食谱热量测算陈婷婷、餐品摄影师潘琳琳、陈欣茹等同事们的协助与支持。感谢中信出版集团孔彦老师以及24小时工作室的编辑们对书籍出版提供了宝贵意见。

感谢我们的用户和粉丝一直以来的支持。

以及，感谢我的家人。

Edna 飘飘

营养知识信息参考书目：

[1]弗朗西斯·显凯维奇·赛泽，埃莉诺·诺斯·惠特尼.王希成，王蕾，译.营养学——概念与争论[M].北京：清华大学出版社，2017.
[2] 中国营养学会.中国居民膳食指南（2022）[M].北京：人民卫生出版社，2022.